Beiträge zur Internationalen und Europäischen Umweltpolitik

Herausgegeben von
Alexander Carius
R. Andreas Kraemer

Springer-Verlag Berlin Heidelberg GmbH

Walter Kahlenborn Michael Kraack
Alexander Carius

Tourismus- und Umweltpolitik

Ein politisches Spannungsfeld

Springer

DIPL.-ING. WALTER KAHLENBORN
DIPL.-POL. ALEXANDER CARIUS
Ecologic
Gesellschaft für Internationale und
Europäische Umweltforschung
Friedrichstraße 165
D-10117 Berlin

DIPL.-POL. MICHAEL KRAACK
Universität Erlangen-Nürnberg
Sozialwissenschaftliches Forschungsinstitut (SFZ)
Findelgasse 7/9
D-90402 Nürnberg

ISBN 978-3-642-63655-4

Die Deutsche Bibliothek - CIP-Einheitsaufnahme

Kahlenborn, Walter: Tourismus- und Umweltpolitik: ein politisches Spannungsfeld/Walter Kahlenborn; Michael Kraack; Alexander Carius. - Berlin; Heidelberg; New York; Barcelona; Hong Kong; London; Mailand; Paris; Singapur; Tokio: Springer 1999
ISBN 978-3-642-63655-4 ISBN 978-3-642-58579-1 (eBook)
DOI 10.1007/978-3-642-58579-1

Softcover reprint of the hardcover 1st edition 1999

Umschlaggestaltung: Erich Kirchner, Heidelberg
Satz: Reproduktionsfertige Vorlage von Thomas Leppert, Ecologic

SPIN: 10645501 30/3136 - 5 4 3 2 1 0 - Gedruckt auf säurefreiem Papier

Über Ecologic

Ecologic ist eine gemeinnützige Einrichtung für angewandte Umweltforschung und Politikberatung in Berlin. Ecologic führt anwendungsorientierte Forschungsprojekte durch und erstellt Gutachten zu verschiedenen Themen des Natur- und Umweltschutzes. Dazu zählen unter anderem neue Ansätze in der Umweltpolitik, ökologisch nachhaltige Ressourcenpolitik, internationale Umweltabkommen und -institutionen, Umweltplanung sowie die Integration des Umweltschutzes in andere Politikfelder. Im Zentrum der Arbeit von Ecologic steht die Analyse der Umweltpolitik der Europäischen Union und ihrer Mitgliedstaaten sowie die Verbesserung der Effektivität internationaler Umweltregime.

Ecologic ist Mitglied im Netzwerk der Institute für Europäische Umweltpolitik mit Büros in den wichtigen europäischen Metropolen sowie zahlreichen weiteren themen- und projektbezogenen internationalen Netzwerken. Auftraggeber sind vor allem internationale und supranationale Organisationen, Parlamente, Regierungen, Bundes-, Landes- und Kommunalverwaltungen, Industrieverbände, Gewerkschaften sowie Umwelt- und Naturschutzverbände. Ecologic verfolgt ausschließlich wissenschaftliche und gemeinnützige Zwecke und ist wirtschaftlich und politisch unabhängig sowie wissenschaftlich frei.

In der Buchreihe „Beiträge zur internationalen und europäischen Umweltpolitik" werden aktuelle Forschungsberichte und Gutachten von Ecologic veröffentlicht.

Vorwort

Das Büro für Technikfolgen-Abschätzung beim Deutschen Bundestag (TAB) hat im Auftrag des Bundestagsausschusses für Fremdenverkehr und Tourismus im Herbst 1996 mit einer umfangreichen Untersuchung zum Thema „Entwicklung und Folgen des Tourismus“ begonnen.[1] Die systematische Aufarbeitung dieses Problemfeldes, die im Sommer 1998 abgeschlossen wurde, beabsichtigte unter anderem, die verschiedenen Facetten des Tourismus in der Bundesrepublik Deutschland zu beleuchten und Ansatzpunkte für eine effektivere politische Steuerung dieses Politikfeldes herauszuarbeiten. In einer ersten Projektphase hat das Büro für Technikfolgen-Abschätzung zu diesem Zweck neun Forschungsaufträge zu den folgenden Themenfeldern vergeben:

- Freizeitpolitik,
- Tourismus und Globalisierung,
- Tourismus und Ökonomie,
- Tourismus und Politik,
- Strukturen, Instrumente und Akteure der Umweltpolitik und anderer tourismusrelevanter Fachpolitiken,
- Tourismusinduzierte Umweltauswirkungen,
- Tourismus, Einstellungen, Verhalten und Wertorientierung,
- Technikentwicklungen mit Relevanz für den Tourismus,
- Anwendung der Methodik Ökobilanz im Bedürfnisfeld Tourismus.

Ecologic wurde mit der Bearbeitung des Themenfeldes „Strukturen, Instrumente und Akteure der Umweltpolitik und anderer tourismusrelevanter Fachpolitiken“ betraut. Die Bearbeitung bei Ecologic erfolgte von Anfang Januar bis Ende April 1997. Das vorliegende Buch faßt die Ergebnisse der Untersuchung zusammen. Wichtige Veränderungen seit Abschluß der Studie sind in den Fußnoten vermerkt.

Die Untersuchung vermittelt einen generellen Überblick über die Zusammenhänge zwischen Umweltpolitik und Tourismuspolitik sowie eine Übersicht über wichtige Akteure, ihre Interessen und Instrumente. Ferner werden bestehende regulative und strukturelle Probleme skizziert und Handlungsoptionen diskutiert.

Die Untersuchung hat entsprechend ihrer Zielsetzung einen vorwiegend explorativen Charakter. Dieser begründet sich vor allem auch darin, daß für die Bearbeitung der Thematik nur bedingt auf einschlägige Forschungsarbeiten

---

1 Ein Zwischenbericht zum Gesamtvorhaben des TAB ist zwischenzeitlich auch als Buch erschienen. Petermann, Thomas (unter Mitarbeit von Christina Hutter und Christine Wennrich) 1998: *Folgen des Tourismus.* Band 1: Gesellschaftliche, ökologische und technische Dimensionen. Berlin: Edition Sigma.

zurückgegriffen werden konnte; so waren die meisten relevanten Fragestellungen im Bereich „Tourismuspolitik und Umweltpolitik“ bisher kaum Gegenstand sozialwissenschaftlicher Forschung. Die Untersuchung stützte sich daher neben der Auswertung von Stellungnahmen, Positionspapieren und anderen Primärquellen im wesentlichen auf Interviews mit über einhundert Akteuren aus der Tourismuswirtschaft, Tourismuspolitik und Umweltpolitik.

Die Autoren dieses Gutachtens möchten an dieser Stelle die Gelegenheit nutzen, den zahlreichen Gesprächspartnern noch einmal zu danken, die uns in großzügiger Weise ihre Zeit und ihr Wissen zur Verfügung stellten. Wir hoffen, daß die Studie wiederum eine Bereicherung der Arbeit unserer Gesprächspartner darstellen möge.

Unser Dank gilt im einzelnen verschiedenen Abgeordneten des Deutschen Bundestages und des Europäischen Parlamentes sowie ihren Mitarbeitern. Gleichfalls danken möchten wir zahlreichen Beamten in Bundes- und Landesministerien und nachgeordneten Bundes- und Landesbehörden, Mitarbeitern in mehreren Generaldirektionen der Europäischen Union und einigen anderen Organen der Gemeinschaft sowie Beschäftigten in vielen weiteren europäischen und internationalen Organisationen. Umfangreiche Informationen über formelle und informelle Meinungsbildungsprozesse wie auch zu den Interaktionen der verschiedenen Akteure erhielten wir darüber hinaus von Vertretern der Tourismusverbände, den Umweltbeauftragten etlicher Tourismusunternehmen, verschiedenen Redakteuren der einschlägigen Tourismusfachzeitschriften, Wissenschaftlern an deutschen Tourismuslehrstühlen und Mitarbeitern verschiedener privater Forschungsinstitute. Wertvolle Unterstützung boten schließlich Vertreter einer Reihe von Umwelt- und Naturschutzverbänden und nicht zuletzt einige Mitarbeiter der im Bundestag vertretenen Parteien. Sie stellten uns entweder telephonisch oder vor Ort in Berlin, Brüssel und Bonn detaillierte Informationen zur Verfügung.

Das Projekt wurde auf seiten des Auftraggebers, dem Büro für Technikfolgen-Abschätzung beim Deutschen Bundestag, von Herrn Dr. Petermann betreut, der als kritischer Gesprächspartner zum Gelingen dieser Studie beigetragen hat. Anna Turmann hat als studentische Mitarbeiterin an diesem Projekt mitgewirkt und einen Großteil der diesem Gutachten zugrundeliegenden Materialien gesichtet und systematisiert. Gerade in der Schlußphase des Projektes hat sie bei der Erstellung des Abschlußberichtes mitgeholfen. Michael Oberthür hat das Manuskript gewissenhaft gegengelesen und sprachlich überarbeitet. Thomas Leppert gehört, wie immer, der abschließende Dank für die hervorragende technische Betreuung des Layouts und die drucktechnische Abwicklung mit dem Springer-Verlag. Die Qualität dieser Studie verantworten gleichwohl allein die Autoren.

Berlin, im Dezember 1998

Walter Kahlenborn Michael Kraack Alexander Carius

Inhaltsverzeichnis

Abbildungsverzeichnis

Tabellenverzeichnis

Abkürzungsverzeichnis

AA	Auswärtiges Amt
ADAC	Allgemeiner Deutscher Automobil Club
ADFC	Allgemeiner Deutscher Fahrradclub
ADL	Arbeitsgemeinschaft Deutscher Luftfahrtunternehmen
ASR	Bundesverband mittelständischer Reiseunternehmen
BDO	Bundesverband Deutscher Omnibusunternehmer
BfN	Bundesamt für Naturschutz
BMA	Bundesministerium für Arbeit und Sozialordnung
BMBau	Bundesministerium für Raumordnung, Bauwesen und Städtebau
BMBF	Bundesministerium für Bildung, Wissenschaft, Forschung und Technologie
BMF	Bundesministerium der Finanzen
BMG	Bundesministerium für Gesundheit
BMJ	Bundesministerium der Justiz
BMFSJ	Bundesministerium für Familie, Senioren, Jugend, Frauen und Gesundheit
BMFT	Bundesministerium für Forschung und Technologie
BML	Bundesministerium für Ernährung, Landwirtschaft und Forsten
BMU	Bundesministerium für Umwelt, Naturschutz und Reaktorsicherheit
BMV	Bundesministerium für Verkehr
BMWi	Bundesministerium für Wirtschaft
BMZ	Bundesministerium für wirtschaftliche Zusammenarbeit und Entwicklung
BNatSchG	Bundesnaturschutzgesetz
BTE	Büro für Tourismus- und Erholungsplanung
BTW	Bundesverband der Deutschen Tourismuswirtschaft
CSD	Commission for Sustainable Development
DBV	Deutscher Bäderverband
DEHOGA	Deutscher Hotel- und Gaststättenverband
DER	Deutsches Reisebüro GmbH
DFV	Deutscher Fremdenverkehrsverband
DIN	Deutsches Institut für Normung
DIRG	Deutschland Informations- und Reservierungsgesellschaft
DNR	Deutscher Naturschutzring
DRV	Deutscher Reisebüroverband
DTM	Deutschland Tourismus Marketing GmbH
DZT	Deutsche Zentrale für den Tourismus
EAGFL-A	Europäische Ausrichtungs- und Garantiefonds für die Landwirtschaft

ECoNETT	European Community Network for Environmental Travel & Tourism
ECTAA	Group of National Travel Agents' and Tour Operators' Associations within the EU
EEA	European Environmental Agency
EFRE	Europäische Fonds für regionale Entwicklung
EP	Europäisches Parlament
EPS	Environment Protection Services
ESF	Europäische Sozialfonds
ETAG	European Tourism Action Group
ETC	European Travel Commission
ETOA	European Tour Operators Association
EU	Europäische Union
FFH-RL	Fauna-Flora-Habitat-Richtlinie
FVV	Fremdenverkehrsverband
FVW	Fremdenverkehrswirtschaft
GATS	General Agreement on Trade and Services
GD	Generaldirektion
GEF	Global Environmental Facility
GGO	Gemeinsame Geschäftsordnung der Bundesministerien
GIS	Geographisches Informationssystem
HELCOM	Helsinki Commission
HOTREC	The Confederation of the National Associations of Hotels, Restaurants, Cafés and Similar Establishments in the European Union and European Economic Area
IATA	International Air Transport Association
IEEP	Institute for European Environmental Policy
IFTO	International Federation of Tour Operators
IHA	International Hotel Association
IHEI	International Hotels Environment Initiative
IHK	Industrie- und Handelskammer
INFOX	Informationslogistik
ITB	Internationale Tourismus-Börse
ITS	International Tourist Services
IUCN	International Union for Conservation of Nature
LANA	Länderarbeitsgemeinschaft für Naturschutz, Landschaftspflege und Erholung
LTU	Lufttransport-Unternehmen GmbH & Co KG
MAB	Man and Biosphere Programme
NET	Network of European Private Entrepreneurs in the Tourism Sector
NRO	Nicht-Regierungsorganisation
OECD	Organization for Economic Cooperation and Development
OFT	Offenes Forum Tourismus

Ö.T.E.	Ökologischer Tourismus in Europa
TAB	Büro für Technikfolgen-Abschätzung beim Deutschen Bundestag
TUI	Touristik Union International
UNCED	United Nations Conference on Environment and Development
UNESCO	United Nations Educational, Scientific and Cultural Organization
UNDP	United Nations Development Programme
UNEP	United Nations Environmental Programme
UNEP-IE	United Nations Environmental Programme Industry and Environment
UNO	United Nations Organization
UVP	Umweltverträglichkeitsprüfung
UVS	Umweltverträglichkeitsstudie
VCD	Verkehrsclub Deutschland e.V.
WTTC	World Travel and Tourism Council
WCMC	World Conservation Monitoring Centre
WCST	World Council on Sustainable Tourism
WTO	World Tourism Organization
WWF	Worldwide Fund for Nature

1 Einleitung

1.1 Das Spannungsfeld von Tourismus und Umwelt

Gemeinhin ist wenig bekannt, daß der Tourismus einer der größten Wirtschaftszweige in der Bundesrepublik ist. Genausowenig werden die zum Teil massiven Umweltauswirkungen des Tourismus bisher in größerem Umfang thematisiert. Bedenkt man jedoch beispielsweise, daß Tourismus und Erholung von der Bundesforschungsanstalt für Naturschutz und Landschaftsökologie als drittwichtigster Verursacherbereich (nach Landwirtschaft sowie Forstwirtschaft und Jagd) für das Artensterben in der Bundesrepublik benannt werden (vgl. UBA 1989) und 55% des PKW-Verkehrs auf Urlaubs- und Freizeit-Nutzung entfällt (vgl. Opaschowski 1995: 12), dann wird das Ausmaß der verursachten Umweltbelastungen schnell ersichtlich. Angesichts der Tatsache, daß der Tourismussektor derzeit einer der wenigen wirtschaftlichen Wachstumsbereiche[2] ist und Erlebnis- und Geschäftsreisetourismus auf Kosten von Erholungs- und Gesundheitstourismus zunehmen, ist zudem eine Ausweitung der Umweltbeeinträchtigungen zu erwarten. Eine Prognose, die durch die zu beobachtende Verlagerung auf das Verkehrsmittel Flugzeug und die Zunahme von Outdoor-Sportarten unterstützt wird.

Ist in Anbetracht der Problemlage also eine politische Beschäftigung mit dem Spannungsfeld „Tourismus und Umwelt" geboten, so stehen einer Lösung der bestehenden Konflikte gleich mehrere Hemmnisse im Wege. Da ist zum einen das breite Spektrum tourismusbedingter Umweltauswirkungen zu nennen, das eine systematische Behandlung des Themas erschwert. Zum anderen ist die hohe Zahl der betroffenen Politikfelder und der damit involvierten politischen und gesellschaftlichen Akteure anzuführen, die bei jeder politischen Reaktion auf die Probleme im Bereich „Tourismus und Umwelt" beachtet werden müssen (vgl. Tabelle 1).

2 In den letzten Jahren war der Inlands-Tourismus in der Bundesrepublik zwar rückläufig, doch wird laut der World Tourism Organization (WTO) dem Tourismus global ein erhebliches Wachstumspotential zugesprochen, wovon mittelfristig auch die Bundesrepublik profitieren dürfte (WTO Pressekonferenz vom 9.3.1997 auf der ITB in Berlin: Präsentation der Vorhersage: „Tourismusvision 2020").

Tabelle 1: Umweltbeeinträchtigungen durch den Tourismus

Touristische Dienstleistungen	**Wesentliche Umweltauswirkungen**	**Besonders betroffene Politikbereiche**[3]
Reiseorganisation	geringe Belastungen (Ressourcenverbrauch: Strom, Papier etc.)	Wirtschaftspolitik, Arbeitsmarktpolitik, Strukturpolitik
Transport	Lärmbelästigung, Luftverschmutzung, Störung des Gewässerhaushaltes durch Flächenversiegelung, Vegetationsschäden, Artengefährdung, Störung des Landschaftsbildes, direkter und indirekter Ressourcenverbrauch	Verkehrspolitik, Raumordnungspolitik, Wirtschaftspolitik, Arbeitsmarktpolitik, Strukturpolitik, Energiepolitik
Beherbergung	Flächenverbrauch und ggf. Störung des Landschaftsbildes, Störung des Gewässerhaushaltes durch Flächenversiegelung, Gewässerbelastung, direkter und indirekter Ressourcenverbrauch	Raumordnungspolitik, Baupolitik, Wirtschaftspolitik, Arbeitsmarktpolitik, Strukturpolitik, Energiepolitik
Verpflegung	Flächenverbrauch und ggf. Störung des Landschaftsbildes, Störung des Gewässerhaushaltes durch Flächenversiegelung, Gewässer- und Luftbelastung bei der Nahrungsmittelerzeugung und -verarbeitung, direkter und indirekter Ressourcenverbrauch	Landwirtschaftspolitik, Wirtschaftspolitik, Raumordnungspolitik, Baupolitik, Arbeitsmarktpolitik, Strukturpolitik
Tourismus-Freizeit-Support (Sportanlagen, Vergnügungspark, Museen, Theater etc.)	Flächenverbrauch und ggf. Störung des Landschaftsbildes, Störung des Gewässerhaushaltes durch Flächenversiegelung, Gewässerbelastung, Luftbelastung, Bodenerosion, Lärmbelastung, Artengefährdung	Raumordnungspolitik, Baupolitik, Wirtschaftspolitik, Arbeitsmarktpolitik, Strukturpolitik, Energiepolitik

Quelle: eigene Darstellung

Die vergleichsweise hohe Zahl von Politikfeldern, die im Zusammenhang mit tourismuspolitischen Maßnahmen von Bedeutung sind, korrespondiert ferner mit dem breiten Spektrum von Einfluß- und Anspruchsfaktoren, die auf die Tourismuspolitik einwirken und zwischen denen die Tourismuspolitik vermitteln muß. Ökologische Faktoren sind hier nur ein Aspekt unter vielen (vgl. die in Abbildung 1 als exemplarisch zu betrachtenden Faktoren). Auch dies stand bisher einer intensiveren politischen Betrachtung des Zusammenhangs von „Tourismus und Umwelt" entgegen.

So sehr damit einerseits eine Lösung tourismusbedingter Umweltbeeinträchtigungen bisher erschwert wurde, so sehr ist andererseits hinsichtlich der bestehenden und in Reaktion auf zu erwartende künftige Probleme politisches Handeln zur Eindämmung erforderlich. Vorrangig muß dabei eine effektive Integration von Tourismus- und Umweltpolitik in Deutschland erreicht werden, eine Forderung, die auf internationaler Ebene nicht zuletzt in der Agenda 21 von Rio und im 5. Umweltaktionsprogramm der Europäischen Union formuliert wird.

3 Neben der Umwelt- und Naturschutzpolitik.

Letztlich ist auch die Vergabe dieser Studie durch das Büro für Technikfolgen-Abschätzung beim Deutschen Bundestag (TAB) ein Indiz für die Erkenntnis der Notwendigkeit einer systematischen Integration der beiden Politikfelder.

Angesichts der Tatsache, daß das Thema Umweltpolitik und Tourismuspolitik auch in der Politikfeldforschung bisher noch wenig aufgearbeitet wurde,[4] widmet sich die Untersuchung in einem breiten Ansatz den drei Kernbereichen: Akteure, Akteursbeziehungen und Instrumenteneinsatz, um über die Analyse der hier vorhandenen Probleme letztendlich Anstöße für die Diskussion und die praktische Herangehensweise an das Thema zu geben.

4 Veröffentlichungen zu Fragen der institutionellen Rahmenbedingungen, der Akteure und ihrer Beziehungen untereinander sowie der politischen Steuerungsinstrumente für einen umweltgerechten Tourismus in Deutschland existieren bisher kaum. Ebenso liegen bisher keine Studien zur Untersuchung der Wechselwirkungen zwischen den Steuerungsinstrumenten vor. Auch das Problem innerministerieller und intraministerieller Politikkoordination hinsichtlich der Frage der Schnittfläche von „Umwelt und Tourismus" wurde bisher fast nicht thematisiert, was sicher auch an der durch geringe Transparenz gekennzeichneten deutschen Verwaltungstradition und dem höchst komplexen Geflecht der involvierten Landes- und Bundesministerien liegt. Anzumerken ist ferner, daß es an komparativer Forschung auf europäischer Ebene zu Akteurskonstellationen und zu der verwendeten Instrumentenpalette mangelt (vgl. Brendle und Müller 1996; Kern 1995; EPS Environment Protection Services 1996; Bundesamt für Naturschutz 1997a; Council of Europe 1996).

Abbildung 1: Integrationsfunktion der Tourismuspolitik

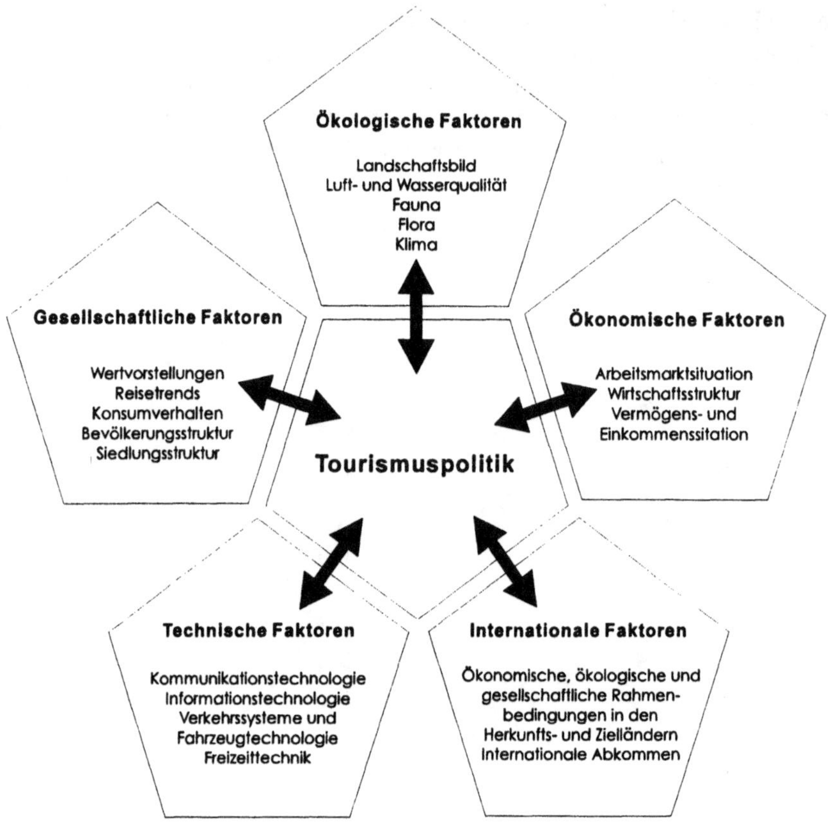

Quelle: eigene Darstellung

1.2 Abgrenzung des Untersuchungsgegenstandes und Begriffsklärungen

Im folgenden werden nur solche tourismuspolitischen Aspekte behandelt, die im Zusammenhang mit dem „inbound tourism“ stehen, also dem Tourismus innerhalb der Grenzen Deutschlands. Es wird folglich nur auf diejenigen touristischen Dienstleistungen eingegangen, die innerhalb der Bundesrepublik erbracht werden. Ebenso sind im Kontext der Studie im wesentlichen nur die innerhalb der Bundesrepublik zu verzeichnenden Umweltauswirkungen des Tourismus von Bedeutung. Diese Schwerpunktsetzung ist nicht zuletzt deshalb erforderlich, weil die zusätzliche Beachtung der umweltpolitischen Konsequenzen des „outbound tourism“, also des aus der Bundesrepublik ins Ausland gerichteten Tourismus, den

Rahmen dieser Untersuchung sprengen würde. Die umwelt- sowie tourismuspolitischen Handlungsmöglichkeiten in bezug auf die sozialen und umweltpolitischen Auswirkungen von Karibikreisen sind nur bedingt mit den erforderlichen politischen Maßnahmen zur Begrenzung von Umweltschäden durch Schwarzwaldtourismus zu vergleichen.

Die Konzentration auf den „inbound tourism“ und die diesbezüglichen politischen Strukturen ist ferner durch die vielfältigen Aktivitäten und Entwicklungen, die gerade im Bereich des „inbound tourism“ in jüngster Zeit zu beobachten sind, gerechtfertigt.

Eine weitere Schwerpunktsetzung betrifft die in Betracht gezogenen Politikfelder. Innerhalb des breiten Spektrums tourismusrelevanter Fachpolitiken konzentriert sich die Studie auf die wichtigsten Sektorpolitiken, um zu vermeiden, sich in der Auseinandersetzung mit allzu vielen Teilbereichen zu zerfasern. Die zu beobachtende institutionelle Fokussierung der Tourismuspolitik auf die Wirtschaftsministerien und die damit korrespondierende vorherrschende Sicht der Tourismuspolitik als Teilbereich der Wirtschaftspolitik, zieht im Rahmen der vorliegenden Untersuchung zwangsläufig eine diesbezügliche Ausrichtung nach sich. Wenngleich damit in erster Linie das Wechselspiel zwischen Umweltpolitik und der (wirtschaftspolitisch verstandenen) Tourismuspolitik im Vordergrund steht, werden andere Fachpolitiken, wie z.B. die Struktur- oder Verkehrspolitik nicht aus den Augen gelassen.

Die Untersuchung orientiert sich hinsichtlich der Definition des Begriffs Tourismus an den Festlegungen der Welttourismusorganisation (WTO), wie sie auch von der Kommission für Statistik der Vereinten Nationen im März 1993 übernommen wurde. Danach umfaßt der Tourismus alle durch Personen entfalteten Aktivitäten sowohl für Freizeitzwecke als auch aus geschäftlichen oder anderen Gründen. Zeitlicher Bezugsrahmen ist die Reisedauer, maximal ein Jahr, und räumlicher Bezugsrahmen sind die Orte, die im Rahmen der Reise aufgesucht werden und außerhalb der gewohnheitsmäßigen Umgebung des Touristen liegen (vgl. UN-WTO 1993).

Eingeschlossen sind in diese Definition also sowohl Urlaubs- und Erholungsreisen als auch Geschäfts-, Tagungs- und Kongreßreisen, Kurortreisen, Bildungsreisen und touristisch motivierte Tagesausflüge (vgl. Burchard 1988: 560). Eine Differenzierung erfolgt in der Untersuchung nur an den Stellen, wo dies erforderlich erscheint. Da sich die politischen Akteursgruppen, ihre Beziehungen und Instrumente hinsichtlich der verschiedenen Tourismusarten nicht grundsätzlich voneinander unterscheiden, konnte von einer diesbezüglichen Aufgliederung im wesentlichen abgesehen werden.

Auch in einer weiteren Hinsicht wird von einer Eingrenzung im folgenden abgesehen: Weder werden ausschließlich Erscheinungsformen des Tourismus berücksichtigt, auf die das Stichwort Massentourismus zutrifft, noch wird das andere Extrem, der Individualtourismus besonders gewürdigt. Ebenso werden ökologisch angehauchte Erscheinungsformen des Tourismus nicht besonders hervorgehoben.

1.3 Struktur des Berichtes

Im Anschluß an die Einleitung werden in Kapitel 2 die für die Umwelt- wie die Tourismuspolitik maßgeblichen Akteure vorgestellt. Der Schwerpunktsetzung der Studie entsprechend wird von der nationalen Ebene ausgegangen, um dann zu der Ebene der Bundesländer und - in sehr knapper Form - zur lokalen Ebene zu gelangen. In einem separaten Teil, aufbauend auf der schon erfolgten Skizzierung der nationalen Handlungsträger, ist es dann möglich, zusätzlich die europäische sowie die internationale Akteurslage anzusprechen.

Kapitel 3 dient der Analyse der Akteursbeziehungen. Dabei erschien eine Unterscheidung in vertikale und horizontale Akteursbeziehungen sinnvoll. Getrennte Würdigung erfahren aufgrund ihres besonderen Charakters und ihrer herausragenden Bedeutung für die Frage der Ausgestaltung der Tourismuspolitik die Beziehungen zwischen öffentlichem und privatem Sektor. Neben einer Beschreibung der formellen und - soweit möglich - informellen Beziehungen wird in den verschiedenen Abschnitten dieses Kapitels auch auf die bestehenden Probleme in den Akteursbeziehungen eingegangen.

Kapitel 4 widmet sich den Steuerungsinstrumenten, die den einzelnen Akteuren beim Verfolgen ihrer Ziele zur Verfügung stehen. Hier werden spezifisch tourismuspolitische Steuerungsinstrumente mit umweltpolitischer Relevanz ebenso thematisiert wie umgekehrt umweltpolitische Steuerungsinstrumente, die von Bedeutung für die Tourismuspolitik sind. Bezogen auf das jeweilige Instrument wird u.a. der Frage nachgegangen, inwieweit und von welchem Akteur sie bisher eingesetzt werden bzw. welche Vor- und Nachteile mit ihnen verbunden sind.

Aufbauend auf den so gewonnenen Erkenntnissen ist es dann möglich, in Kapitel 5 die Beziehung zwischen Umweltpolitik und Tourismuspolitik in der Bundesrepublik Deutschland zusammenfassend zu beurteilen, bevor Kapitel 6 den Schlußpunkt unter die Untersuchung setzt. Um die Übersichtlichkeit der Studie zu erhöhen, werden die Ergebnisse der einzelnen Kapitel jeweils in einem Zwischenfazit zusammengefaßt.

2 Die Akteure im Tourismus

Tourismus- wie Umweltpolitik besitzen Querschnittscharakter. Beide Politikfelder betreffen eine Vielzahl unterschiedlichster Akteure, deren Interessen in einem komplexen Beziehungsgeflecht miteinander verbunden sind. Aus der fast nicht überschaubaren Masse der im Bereich „Umwelt und Tourismus“ aktiven Akteure sollen aus den verschiedenen politischen Ebenen jeweils die besonders relevanten vorgestellt werden. Als besonders relevant im Sinne dieser Arbeit gelten dabei vier verschiedene Gruppen von Akteuren:

- die zentralen tourismuspolitischen Akteure, unabhängig davon, inwieweit sie sich mit umweltpolitischen Themen beschäftigen,
- diejenigen tourismuspolitischen Akteure, die sich im Bereich des Umweltschutzes bzw. der Umweltpolitik besonders engagieren, unabhängig davon, ob sie größere oder geringere Bedeutung im Tourismussektor selbst besitzen,
- umweltpolitische Akteure, die sich tourismusrelevanten Fragestellungen widmen,
- umweltpolitische Akteure ohne explizites Interesse an der Tourismuspolitik, aber mit nennenswertem Einfluß auf diese.

Vor der Schilderung der einzelnen Akteure muß an dieser Stelle noch auf einige weitere Faktoren hingewiesen werden, die Auswirkungen auf die Auswahl hatten. So ist zunächst die Tatsache anzusprechen, daß in der Bundesrepublik die Tourismuspolitik hauptsächlich in der Verantwortung der Länder liegt. Aufgrund dessen wird die Länderebene in der Untersuchung gesondert berücksichtigt. Auch wird die regionale bzw. kommunale Ebene nicht gänzlich ausgeblendet, wenngleich sie nicht im Mittelpunkt der Studie steht. Darüber hinaus implizierte die internationale und insbesondere die europäische Dimension des Themas die Berücksichtigung supra- bzw. internationaler Akteurskonstellationen.

Einschränkend muß hinzugefügt werden, daß eine vollständige Darstellung aller wesentlichen Akteure auf der Länderebene wegen der erheblichen Unterschiede zwischen den 16 Bundesländern nicht möglich war. In der Studie wird deshalb nur exemplarisch auf einige Bundesländer eingegangen. Die gleiche Einschränkung gilt - in noch stärkerem Maße - in bezug auf die regionale und kommunale Ebene.

Im Hinblick auf die in Kapitel 4 zu skizzierenden vertikalen wie horizontalen Akteursbeziehungen wird hier zuerst die nationale, die Länder- und dann die kommunale Ebene beschrieben. Die über die Tourismuspolitik in Deutschland hinausgehende Akteursebene wird anschließend behandelt, wobei zwischen der europäischen und der internationalen Ebene unterschieden wird. Innerhalb dieser Ebeneneinteilung differenziert die Studie jeweils zwischen den öffentlichen und den privaten Akteuren, die umwelt- wie tourismusrelevante Politiken mitgestalten oder beeinflussen.

2.1 Die Akteure in der Bundesrepublik Deutschland

Die entscheidenden Fragestellungen bei der Betrachtung der bundesdeutschen Akteure im Tourismus sind:

- Wie lassen sich die relevanten Akteure charakterisieren, wie setzen sie sich zusammen?
- Was sind ihre Interessen bzw. politischen Ziele?
- Über welche Instrumente und Kompetenzen verfügen sie im Bereich der Umweltpolitik und der Tourismuspolitik?
- Inwieweit haben sich in den letzten Jahren Verschiebungen hinsichtlich ihrer Interessen, Kompetenzen und Instrumente ergeben, und welche weiteren Entwicklungen sind diesbezüglich absehbar?

2.1.1 Die öffentlichen Akteure auf Bundesebene

Deutscher Bundestag

Im Deutschen Bundestag befaßt sich der *Ausschuß für Fremdenverkehr und Tourismus* mit den Belangen einer umweltgerechten Tourismusentwicklung. In der 11. Legislaturperiode wurde ein Unterausschuß Fremdenverkehr beim Wirtschaftsausschuß, welcher zuvor für die Tourismuspolitik des Deutschen Bundestages zuständig war, eingerichtet. Der Unterausschuß hat sich am 26. Juni 1987 konstituiert. Im Januar 1991, und damit in der 12. Legislaturperiode, wurde der Unterausschuß in den Vollausschuß „Fremdenverkehr und Tourismus" umgewandelt. Vorsitzende des Ausschusses in der gegenwärtigen 13. Legislaturperiode und zugleich einzige Vertreterin ihrer Partei ist die bündnisgrüne Abgeordnete Halo Saibold. Von den insgesamt 17 Ausschußmitgliedern stammen ansonsten acht von der CDU/CSU, sechs von der SPD und jeweils eines von der FDP sowie der PDS. Der Ausschuß ist neben dem Landwirtschaftsausschuß und dem Postausschuß der einzige Vollausschuß, der thematisch einem einzigen Wirtschaftssektor gewidmet ist. Diese Tatsache deutet darauf hin, welcher Stellenwert dem Bereich Tourismus inzwischen im Bundestag eingeräumt wird. Ein Indiz für die zunehmende Bedeutung des Themas ist gleichzeitig auch die rege Tätigkeit des Ausschusses selbst. Ein nicht unerheblicher Teil der Arbeit gilt dabei umweltpolitischen Fragestellungen im Bereich des Tourismus. So wurden mehrere Beschlußempfehlungen und Berichte im Laufe der aktuellen Sitzungsperiode seitens des Ausschusses zum Thema „Umwelt und Tourismus" erarbeitet.[5] Der

5 Vgl. Beschlußempfehlung und Bericht des Ausschusses für Fremdenverkehr und Tourismus zu dem Entschließungsantrag der Abgeordneten Halo Saibold und der Fraktion von Bündnis 90/Die Grünen - Drucksache 13/1548 - zu der Unterrichtung durch die Bundesregierung - Drucksachen 12/7895, 12/8467 Nr. 1.36, 13/1513 - Bericht der Bundesregierung über die Entwicklung des Tourismus (BT-Drs. 13/4216 vom 26.3.1996). Außerdem Beschlußempfehlung und Bericht des Ausschusses für Fremdenverkehr und Tourismus - Drucksache

Ausschuß hat zuletzt auch den Sachverständigenrat für Umweltfragen gebeten, dem Themenkomplex „Umwelt und Tourismus“ vermehrte Beachtung zu schenken.[6]

Prinzipiell bestehen die Kompetenzen des Ausschusses darin, federführend oder mitwirkend über Vorlagen des Bundestages zu beraten bzw. eigene Initiativen einzubringen. Gleichzeitig sind die Kompetenzen des Ausschusses aber durch die verfassungsrechtlich bedingte Kompetenzzuweisung der Tourismuspolitik an die Länder und durch die Konkurrenz mit anderen wichtigen Ausschüssen wie dem Wirtschafts-, Finanz- oder Rechtsausschuß beschränkt (Kern 1995: 19ff.).

Bundesregierung und Bundesministerien

Programmatisch stützen sich die tourismuspolitischen Aktivitäten der Bundesregierung auch heute noch auf die bereits 1975 von der damaligen Regierung erstmalig definierten Grundlagen und Ziele des Tourismus (Freyer 1995: 296).[7] In dem Dokument betont der Bund seine Mitverantwortung in tourismuspolitischen Fragen und unterstreicht die Notwendigkeit eines gemeinsamen Herangehens von Bund, Ländern und Gemeinden, um eine kontinuierliche Entwicklung des Tourismus zu gewährleisten. Als Ziele werden genannt:

- die Sicherung der Rahmenbedingungen für Urlaubs- und Kurzzeiterholung (Naherholung),
- die Steigerung der Leistungs- und Wettbewerbsfähigkeit der deutschen Fremdenverkehrswirtschaft,
- die Verbesserung der Möglichkeiten für die Teilnahme breiter Bevölkerungskreise am Fremdenverkehr,
- die Intensivierung der internationalen Zusammenarbeit im Tourismus sowie
- die Verbesserung der Koordination zwischen Bund und Ländern.

Fragen der umweltpolitischen Auswirkungen des Tourismus und der gegenseitigen Wechselbeziehungen von Umweltpolitik und Tourismuspolitik werden in dem Dokument nur am Rande thematisiert. So äußerte sich die Bundesregierung

---

13/4217 vom 26.03.96 - zu dem Antrag der Fraktionen der CDU/CSU und der F.D.P. - Drucksache 13/1531 - Umweltschutz und Tourismus und Beschlußempfehlung und Bericht des Ausschusses für Fremdenverkehr und Tourismus zu dem Antrag der Abgeordneten Brunhilde Irber, Susanne Kastner, Dr. Eberhard Brecht, weiterer Abgeordneter und der Fraktion der SPD - Drucksache 13/3554 - Förderung eines Modellprojekts für Umwelt und Verkehr im Tourismus (Drucksache 13/5519 vom 11.9.1996). Zu EU-Aktivitäten im Tourismus vgl. Beschlußempfehlung und Bericht des Ausschusses für Fremdenverkehr und Tourismus, zu der Unterrichtung durch die Bundesregierung - Drucksache 13/5555 Nr. 2.40 - Vorschlag für einen Beschluß des Rates - Erstes Mehrjahresprogramm zur Förderung des europäischen Tourismus „PHILOXENIA“ (1997-2000) KOM-Nr. (96) 168 endg. Ratsdok.-Nr. 7473/96 (BT-Drs. 13/5820 vom 16.10. 1996).

6 Vgl. dazu das Protokoll zur Sitzung des Bundestagsausschusses Fremdenverkehr und Tourismus vom 29.1.1997.

7 Vgl. die Unterrichtung durch die Bundesregierung: „Tourismus in der Bundesrepublik Deutschland - Grundlagen und Ziele“ (BT-Drs. 7/3840 vom 1.7.1975).

unter der allgemeinen Überschrift „Sicherung der Rahmenbedingungen“ knapp zum Naturschutz und zur Bedeutung der Landschaftsgestaltung für den Tourismus; Umweltschutzaspekten wird ansonsten allerdings keine weitere Aufmerksamkeit geschenkt. Auch aus diesem Grund wurde von seiten der verschiedenen Fraktionen im Bundestag wiederholt versucht, eine Neuformulierung des Grundsatzprogrammes zu erreichen. In ihren Reaktionen hierauf betonte die Bundesregierung jedoch, daß die touristische Entwicklung in der Bundesrepublik keine besonderen politischen Aktivitäten erfordere (Freyer 1995: 296). Kritisiert wurde das tourismuspolitische Programm der Bundesregierung von 1975 insbesondere auch deshalb, weil es den wirtschaftlichen Aspekten des Tourismus eindeutigen Vorrang gegenüber humanen, sozialen und gesellschaftlichen Zielen einräumt und außerdem keine strategischen oder organisatorischen Empfehlungen für die praktische Realisierung der Ziele nennt (Kern 1995: 20ff.).

Im „Bericht der Bundesregierung über die Entwicklung des Tourismus“ von 1994 wurden die bereits 1975 festgelegten Ziele weitgehend übernommen (vgl. Bundesministerium für Wirtschaft 1994).[8] Die Bedeutung des Umweltschutzes für den Tourismus wird in diesem Bericht gegenüber 1975 jedoch eindeutig aufgewertet. Anstelle des früheren Oberziels „Verbesserung der Voraussetzungen für die Durchführung der Tourismuspolitik - Koordination und Information“ wurde jetzt die „Erhaltung von Umwelt, Natur und Landschaft als Grundlage des Tourismus“ explizit herausgehoben (Bundesministerium für Wirtschaft 1994: 36ff.).

Für den Bereich Tourismus[9] liegt die Zuständigkeit und Federführung in der Bundesrepublik beim *Bundesministerium für Wirtschaft (BMWi)*. Zu seinen Aufgaben zählen:

- Formulierung von Aufgaben und Zielsetzungen der Tourismuspolitik,
- Mitwirkung bei Rahmensetzungen für die touristische Entwicklung,
- Ressortkoordination, insbesondere zu den Fragen Umweltschutz, Verkehr, Raumordnung, Arbeitsmarkt, Wettbewerbsfragen, Steuern, Aus- und Fortbildung, Tourismus auf dem Lande, Familien-, Jugend- und Behindertentourismus, Kurorte und Heilbäder,
- Beurteilung der wirtschaftlichen Lage der Fremdenverkehrswirtschaft, gewerbepolitische Fragen,
- konzeptionelle Gestaltung und Abwicklung von Fördermaßnahmen (mittelstands- und regionalpolitisches Förderinstrumentarium, Informations- und Schulungsveranstaltungen und Unternehmensberatungen, länderübergreifende Projektförderung),

---

8 Vgl. die Unterrichtung durch die Bundesregierung: „Bericht der Bundesregierung über die Entwicklung des Tourismus“ (BT-Drs. 12/7895 vom 15.06.1994).

9 Soweit nicht anders belegt, beziehen sich die folgenden Aussagen zu den tourismuspolitischen Kompetenzen der Bundesministerien auf die Antwort der Bundesregierung auf die Kleine Anfrage der Abgeordneten Halo Saibold und der Fraktion von Bündnis 90/Die Grünen - Drucksache 13/2312 - „Grundlagen der Fremdenverkehrs- und Tourismuspolitik in Deutschland“ (BT-Drs. 13/3326 vom 11. 12. 1995, S. 4ff.)

- Förderung des Tourismus nach Deutschland (Deutsche Zentrale für Tourismus, DZT),
- Tourismuspolitik der Europäischen Union,
- multilaterale und bilaterale Zusammenarbeit (u.a. OECD, Welttourismusorganisation, GATT, WTO),
- Zusammenarbeit mit den Ländern bei der Förderung des Reiseverkehrs in und nach Deutschland,
- tourismusrelevante Forschung,
- Einsatz des regional- und mittelstandspolitischen Instrumentariums (Brendle und Müller 1996: 10),
- Förderung von Fortbildungsmaßnahmen (Bundesministerium für Wirtschaft 1996b: 4).

Seit dem 1. November 1993 ist das für Tourismuspolitik zuständige Referat von Bonn nach Berlin verlagert und mit dem zuvor für den Fremdenverkehr in den neuen Bundesländern zuständigen Referat zusammengefaßt worden. Das Referat „Tourismuspolitik" (II D 2) ist jetzt Teil der Unterabteilung „Dienstleistungswirtschaft" (D) in der Abteilung II (Mittelstand, Freie Berufe, Gewerbliche Wirtschaft, Handwerk, Dienstleistungen, Bildungspolitik). Daneben hat, insbesondere was die touristischen Förderprogramme betrifft, auch die Unterabteilung II C (Mittelstandsförderung, ERP-Sondervermögen, Inlandsbürgschaften und -finanzierungen) fremdenverkehrspolitische Relevanz. Für die Vielzahl der zu bearbeitenden Einzelaufgaben stehen im Tourismusreferat momentan neun Personen, davon vier Mitarbeiter im höheren Dienst, zur Verfügung. Dies ist wenig angesichts der Vielzahl von Anfragen, die aus dem Bundestag an das Ministerium gerichtet werden. Die knappe Personalausstattung des Tourismusreferats wird vor allem von der Tourismuswirtschaft bemängelt, die sich nicht gemäß ihrer wirtschaftlichen Bedeutung repräsentiert sieht.[10] Aber auch der Tourismusausschuß des Bundestages, der sich verschiedentlich für eine Aufstockung des Personals eingesetzt hat, konnte bisher beim zuständigen Minister keine entsprechende Zusage erreichen. Angesichts der laufenden Verschlankung der Verwaltung ist eher mit einem weiteren Abbau als mit einer Aufstockung des Personals zu rechnen. Außerdem werden im BMWi traditionell eher die wirtschaftlichen Krisensektoren personalmäßig ausgebaut. So sind z.B. in der Unterabteilung III C (Bergbau, Kohle, mineralische Rohstoffe, industrielle Bundesbeteiligungen) von insgesamt 42 Personen allein 24 in vier Referaten mit dem Kohlebergbau befaßt. Trotzdem wird die Personalsituation seitens des Tourismusreferats auch vor dem Hintergrund der Hauptzuständigkeit der Länder für den Tourismus nicht in einem Maße negativ bewertet, wie vermutet werden könnte. Einem weiteren Tätigwerden des Bundes im Bereich Tourismus sind aber zumindest hinsichtlich der Personalausstattung zur Zeit enge Grenzen gesetzt.

Die neben dem BMWi für den Tourismus in Deutschland wichtigen Ministerien sind das Auswärtige Amt (AA), das Bundesministerium für Verkehr (BMV), das

10 Interview mit Bundeswirtschaftsminister Günter Rexrodt in fvw, Nr. 5/97, S. 102.

Bundesministerium für Familie, Senioren, Jugend, Frauen und Gesundheit (BMFSFJ), das Bundesministerium für Ernährung, Landwirtschaft und Forsten (BML), das Bundesministerium für Raumordnung, Bauwesen und Städtebau (BMBau), das Bundesministerium für Bildung, Wissenschaft, Forschung und Technologie (BMBF), das Bundesministerium für wirtschaftliche Zusammenarbeit und Entwicklung (BMZ) und das Bundesministerium für Umwelt, Naturschutz und Reaktorsicherheit (BMU). Ihre jeweiligen Zuständigkeiten für den Tourismus werden hier kurz umrissen.

Das *Auswärtige Amt (AA)* nimmt im Tourismusbereich folgende Aufgaben war:

- Erstellung wichtiger Sicherheitshinweise für Touristen,
- Ziellandeinschätzungen, die an das BMWi weitergegeben werden (speziell für die Tourismusindustrie),
- Bereitstellung von ständig aktuellen Reisehinweisen für Individualreisende,
- Finanzielle Unterstützung von in Notfälle geratenen deutschen Touristen im Ausland,
- Verfügbarmachung von Informationen über Deutschland als Reiseland für ausländische Besucher durch die Auslandsvertretungen.

Speziell mit Fragen des Tourismus befassen sich im AA die Politische Abteilung, die Wirtschaftsabteilung und die Rechtsabteilung.[11]

Das *Bundesministerium für Verkehr (BMV)* nimmt über folgende Aktivitäten Einfluß auf den Tourismus:

- Schaffung von Rahmenbedingungen und Voraussetzungen für eine erfolgreiche Entwicklung des nationalen wie des internationalen Tourismus durch ordnungs- und investitionspolitische Maßnahmen in den Bereichen Eisenbahn, Straßenverkehr, Luftfahrt, Seeverkehr, Binnenschiffahrt und Wasserstraßen sowie Straßenbau,
- Verkehrliche Regelungen sowie Informationen zum Ferienreiseverkehr,
- Verbesserung der Reisemöglichkeiten für Behinderte,
- Bereitstellung von Finanzhilfen zur Verbesserung der Verkehrsmittelverhältnisse in den Gemeinden, insbesondere auf dem Gebiet des ÖPNV,
- Eintreten für intensive Fahrradnutzung als Alternative zum motorisierten Verkehr,
- Wahrung der Belange des Umweltschutzes in den Verkehrsbereichen.

Im BMV koordiniert die Projektgruppe 6 in der Außenstelle Berlin die den Verkehrsbereich betreffenden nationalen und internationalen Fragen des Tourismus.

---

11 Vgl. hierzu und im folgenden auch die Antwort der Bundesregierung auf die Kleine Anfrage der Abgeordneten Halo Saibold und der Fraktion von Bündnis 90/Die Grünen - BT-Drucksache 13/2312 - „Grundlagen der Fremdenverkehrs- und Tourismuspolitik in Deutschland" (BT-Drucksache 13/3326 vom 11.12.1995).

Das *Bundesministerium für Familie, Senioren, Frauen und Jugend (BMFSFJ)* hat in folgenden Bereichen tourismuspolitische Aufgaben:

- Förderung von Bau und Einrichtung gemeinnütziger Familienferienstätten,
- Unterstützung der jährlichen Herausgabe des Katalogs „Familienferien" und des alle vier Jahre stattfindenden Bundeswettbewerbs „Familienferien in Deutschland",
- Aufbau des Bereichs Tourismus für Senioren,
- Beobachtung des Jugendtourismus und Förderung der internationalen Jugendarbeit.

Das *Bundesministerium für Ernährung, Landwirtschaft und Forsten (BML)* ist in folgenden Bereichen tourismuspolitisch aktiv:

- Betreuung der Urlaubsformen „Urlaub auf dem Bauernhof" und „Urlaub auf dem Lande" (neue Länder),
- Beeinflussung der sozio-ökonomischen Struktur von Regionen durch agrarpolitische Entscheidungen mit Auswirkungen auf das Landschaftsbild (Brendle und Müller 1996: 12),
- Wettbewerb „Vorbildliche Campingplätze".[12]

Im BML ist für die Urlaubsform „Urlaub auf dem Bauernhof/Urlaub auf dem Lande" das Referat 525 (Einkommenskombination, Angelegenheiten der Landfrauen) in der Abteilung 5 „Entwicklung des ländlichen Raums" verantwortlich.

Das *Bundesministerium für Raumordnung, Bauwesen und Städtebau (BMBau)* wirkt folgendermaßen auf den Tourismus ein:

- Befassung mit den Grundlagen der Ausweisung und Gestaltung von Gebieten für Freizeit und Erholung, insbesondere soweit es sich um Programme und Pläne der Länder handelt, die mit dem Bund abzustimmen sind (Vorranggebiete für Freizeit und Erholung),
- Behandlung tourismusrelevanter Fragen im baupolitischen Bereich (z.B. Kriterien für Hotelbauten und behindertengerechte Einrichtungen),
- Förderung von gemeinsamen Maßnahmen der Stadt- und Dorferneuerung durch Bund und Länder (Brendle und Müller 1996: 12),
- Einfluß des Baugesetzbuches über städtebauliche Maßnahmen auf den Tourismus (Brendle und Müller 1996: 12).

---

12 Der Wettbewerb wird bereits seit 20 Jahren vom BML durchgeführt. Die Aktivitäten des BML in diesem Bereich sind damit zu erklären, daß die für den Campingtourismus zur Verfügung gestellten Flächen ursprünglich landwirtschaftliche Nutzflächen waren. Nachdem der Bundesrechnungshof jedoch Bedenken darüber geäußert hat, daß sich das BML mit touristischen Themen beschäftigt, wurde beschlossen, den vierjährig stattfindenden Wettbewerb 1996 letztmalig vom BML ausrichten zu lassen. Ab dem Jahr 2000 wird das BMWi für den Wettbewerb verantwortlich sein.

Im *Bundesministerium für Bildung, Wissenschaft, Forschung und Technologie (BMBF)* sind folgende Arbeitsgebiete für den Tourismus relevant:

- Befassung mit Fragen der Aus- und Weiterbildung im Tourismus im Rahmen der bildungspolitischen Aufgaben,
- Behandlung von tourismusrelevanten Themen im Rahmen von Forschungsvorhaben,
- Regelung von Fortbildungsprüfungen im Bereich Hotel- und Gaststättengewerbe durch Rechtsverordnung des Bundes im Rahmen des Berufsbildungsgesetzes (Brendle und Müller 1996: 12).

Das *Bundesministerium für wirtschaftliche Zusammenarbeit und Entwicklung (BMZ)* handelt tourismusrelevant in folgendem Bereich:

- Befassung mit Ferntourismus in Entwicklungsländern.

Das Referat 230 „Grundsätze der Förderung privatwirtschaftlicher Entwicklung, Partnerschaftsprogramme, Industrie, Handwerk, Kreditwesen, Tourismus" ist im BMZ für Tourismus zuständig. Außerdem existiert beim BMZ eine „Arbeitsgruppe Ökotourismus", die für das Ministerium zu Fragen des umweltfreundlichen Reisens eigene Forschungsaktivitäten entfaltet.[13]

Für die Schnittmenge der Tourismuspolitik bzw. der tourismusrelevanten Fachpolitiken mit der Umweltpolitik ist schließlich das Bundesministerium für Umwelt, Naturschutz und Reaktorsicherheit (BMU) von besonderer Bedeutung. Im BMU ist das Referat N II 3 (Tourismus, Sport, Freizeit, Erholungsvorsorge) für den Bereich „Umwelt und Tourismus" zuständig. Dem Referat sind vier Mitarbeiter[14] zugeordnet. Wenn man bedenkt, daß neben dem Tourismus auch noch die arbeitsintensiven Bereiche Sport, Freizeit und Erholungsvorsorge zu bearbeiten sind, stehen dem Referat z.Zt. nur sehr begrenzte personelle Ressourcen zur Verfügung. Damit lassen sich zukünftig nicht viel mehr als die Kernaufgaben, wie z.B. die Bearbeitung von Gesetzen bzw. Verordnungen oder die Beantwortung verschiedener Anfragen aus dem Bundestag, erfüllen. Die programmatische Arbeit muß zwangsläufig zurückbleiben. Damit steht die Administration gerade im Bereich „Umwelt und Tourismus" nicht nur im BMU unter einem mehrfachen Sachzwang, denn trotz der Mittelstreichungen nimmt der Umfang der Routinetätigkeiten zu. Für kreative Arbeit, die für die Einführung neuer politischer Instrumente, wie beispielsweise beim Öko-Audit, notwendig ist, bleibt dann wenig Zeit.

Den Haupteinfluß auf die Tourismuspolitik hat das BMU durch die Schaffung günstiger Rahmenbedingungen für eine umweltfreundliche Entwicklung im Tourismus. Dies gilt besonders in den folgenden Bereichen:

---

13 Vgl. Arbeitsgruppe Ökotourismus beim BMZ (1995).

14 Mit dem Ausscheiden eines Mitarbeiters im Sommer 1997 hat sich die Zahl der Mitarbeiter auf drei reduziert.

- Erarbeitung und Weiterentwicklung von Gesetzen und Rechtsvorschriften auf allen Gebieten des Umwelt- und Naturschutzes (Schutz von Natur und Landschaft, Reinhaltung der Luft und Klimaschutz, Gewässer- und Bodenschutz, Abfallwirtschaft, Umweltverträglichkeitsprüfung),
- Maßnahmen zur ökologischen Sanierung und Entwicklung,
- Umweltforschung und Umweltaufklärung.

Weitere tourismusrelevante Aufgaben des BMU liegen im Bereich internationaler Vereinbarungen, der Nutzung marktwirtschaftlicher Instrumente im Umweltschutz, der Umweltberatung von Verbänden, der Entwicklung von Umweltempfehlungen oder der Ausrichtung von Wettbewerben. Im einzelnen sind hervorzuheben:

- Internationale Konventionen und Abkommen im Bereich des Umwelt- und Naturschutzes (z.B. Alpenkonvention, Antarktisvertrag, Biodiversitätskonvention),
- Erarbeitung von Umwelttips für Urlauber in Kooperation mit den Reiseveranstaltern,
- Entwicklung von Umwelt-Kriterienkatalogen, z.B. für das Gastgewerbe,
- Unterstützung des „Bundeswettbewerbs Deutscher Naturschutzparks", um beispielhafte Konfliktlösungen zwischen Erholungsansprüchen und Naturschutzbelangen in den ca. 85 deutschen Naturschutzparks zu fördern.

Das BMU konzentriert sich in seiner gegenwärtigen Arbeit auf die Unterstützung touristischer Anbieter bei der Implementierung von Umwelterfordernissen in ihren Geschäftsbetrieb. In diesem Zusammenhang ist die bereits 1991 von der DEHOGA (Deutscher Hotel- und Gaststättenverband) erstmalig publizierte Broschüre „40-Punkte-Katalog: So führen Sie einen umweltfreundlichen Betrieb" mit Mitteln des BMU überarbeitet und neu herausgegeben worden (Merkel 1996).[15] Daneben hat das BMU zusammen mit dem BMWi den „Bundeswettbewerb umweltfreundliche Fremdenverkehrsorte in Deutschland" durchgeführt, der im Februar 1997 mit der Verleihung von 13 Bundespreisen, 14 Projektpreisen und 13 weiteren Anerkennungs-Urkunden abgeschlossen wurde (Deutscher Fremdenverkehrsverband e.V. 1997).[16] Im Auftrag des BMU fand außerdem im November 1994 ein internationaler Workshop zum Thema „Umweltgütesiegel" statt (Hamele 1996: 9). In dieser Tradition plant die Bundesumweltministerin Merkel zur Vorbereitung der 4. Vertragsstaatenkonferenz zur Biodiversitätskonvention im zweiten Halbjahr 1997, erneut einen internationalen Workshop auszurichten, der sich mit der Vereinheitlichung von Gütesiegeln im Tourismus beschäftigt.[17]

---

15 Vgl. Deutscher Hotel- und Gaststättenverband (DEHOGA) (1997).

16 Eine Liste verschiedener vom BMU geförderten Umweltberatungsprojekte findet sich in EPS Environment Protection Services (1996: Anhang).

17 Pressekonferenz der Bundesumweltministerin im Rahmen der internationalen Umweltministerkonferenz „Biodiversität und Tourismus" am 8. März 1997 in Berlin.

Im BMU wird der Tourismus auch im Rahmen der Initiative „Schritte zu einer nachhaltigen Entwicklung“[18] als ein Themenschwerpunkt im Arbeitskreis „Schutz des Naturhaushaltes“ behandelt. Ziel dieses Arbeitskreises ist, Anstöße für eine nachhaltige Flächennutzung zu erarbeiten. Deshalb werden alle relevanten Flächennutzungsarten, also auch Tourismus, Sport und Freizeit, in diesem Arbeitskreis erörtert. Die Ergebnisse des Arbeitskreises werden wahrscheinlich im Sommer 1997 vorgelegt.[19]

Folgende Schwerpunkte werden die Arbeit des BMU zum Thema „Umwelt und Tourismus“, insbesondere in bezug auf den „inbound tourism“, in Zukunft bestimmen:

- einheitliches touristisches Labeling,
- Öko-Audit für Dienstleister und für Kommunen,
- tourismusbezogener Verkehr,
- Naturtourismus in Naturschutzgebieten bzw. Biosphärenreservaten.

Das Hauptziel für den Inlandstourismus besteht seitens des BMU darin, eine ökologische Qualifizierung über einheitliche Instrumente herzustellen. Dabei sind das Öko-Audit wie auch das Labeling die bevorzugten Instrumente.

Die nicht speziell aufgeführten Fachministerien, wie das *Bundesministerium der Justiz (BMJ)*, das *Bundesministerium der Finanzen (BMF)*, das *Bundesministerium für Arbeit- und Sozialordnung (BMA)* oder das *Bundesministerium für Gesundheit (BMG)*, nehmen tourismuspolitische Aufgaben wahr, wenn ihre allgemeine Fachzuständigkeit bei Gesetzesvorlagen oder bei Grundsatzfragen gegeben ist. Da ihnen im Kontext dieser Untersuchung nur eingeschränkt Bedeutung zukommt, werden sie an dieser Stelle nicht vertiefend behandelt.

Bundesbehörden

Das Umweltbundesamt (UBA) und das Bundesamt für Naturschutz (BfN) als nachgeordnete Behörden des BMU koordinieren einschlägige Forschungsvorhaben zur Umwelt- sowie Tourismuspolitik und bereiten entsprechende Informationen für die Öffentlichkeit auf.

Im *Umweltbundesamt* ist seit 1994 das mit drei Mitarbeitern ausgestattete Fachgebiet I 1.4 (Umwelt und Freizeit, Sport und Tourismus) für die Belange des umweltfreundlichen Tourismus zuständig; zuvor wurden tourismusrelevante Aspekte vom Referat „Umweltverträglichkeitsprüfung“ mit bearbeitet. Und auch die Verkehrs-Fachgebiete haben tourismuspolitische Relevanz. Hier werden z.B. Verbände wie der Allgemeine Deutsche Fahrradclub (ADFC) betreut. Das UBA vergibt u.a. Forschungsaufträge, die sich auf die Umweltauswirkungen des

---

18 Bundesministerium für Umwelt, Naturschutz und Reaktorsicherheit (1996: 12ff.).

19 Vgl. die Antwort der Bundesregierung auf die Kleinen Anfragen der Abgeordneten Halo Saibold, Gita Altmann (Aurich), Michaele Hustedt, weiterer Abgeordneter und der Fraktion Bündnis 90/Die Grünen - Drucksachen 13/6684, 13/6685, 13/6686 - „Internationaler Tourismus" (Teile 1 bis 3) (BT-Drs. 13/7321 vom 24.3.1997, S. 19).

Tourismus beziehen, und veröffentlicht die Ergebnisse im Rahmen von Forschungsberichten. Gegenwärtig betreut das Fachgebiet I 1.4 ein bis Ende 1998 laufendes Forschungsprojekt, das sich mit dem Potential des Öko-Audits als Instrument der Selbststeuerung im Tourismus befaßt. Insgesamt werden von seiten des UBA vor allem ökonomische Instrumente als Steuerungsinstrumente im Bereich „Umwelt und Tourismus" unterstützt.

Ferner hat das UBA die Aufgabe, die Öffentlichkeit für die Belange des Umweltschutzes zu sensibilisieren. Diesen Informationsauftrag hat es in den letzten Jahren durch mehrere Publikationen wahrgenommen.[20] Die jüngste Publikation „In die Zukunft reisen?" wurde aus Anlaß der Internationalen Tourismus-Börse (ITB) 1997 vorgestellt. Sie widmet sich unmittelbar tourismusinduzierten Problemen für die Umwelt und gibt Handlungsanleitungen für Urlauber, die Tourismusbranche, Urlaubsorte, Hotel- und Restaurantbesitzer, Campingplatzbetreiber, Reiseveranstalter und Reisevermittler sowie für den Staat.

Das *Bundesamt für Naturschutz* fördert Naturschutzvorhaben in Deutschland. Außerdem berät es das BMU in allen Fragen des nationalen und internationalen Naturschutzes und der Landschaftspflege. Ferner betreibt das BfN Forschung sowohl in eigener Regie als auch durch die Vergabe von Forschungsaufträgen. Im Bereich „Umwelt und Tourismus" führt das BfN eigene Studien durch, die sich mit den zukünftigen Handlungsanforderungen speziell für die Bundesregierung auseinandersetzen.[21] Mit der Vergabe dieses Forschungsvorhabens an das BfN reagierte die Bundesregierung auf den Auftrag des Bundestagsausschusses für Fremdenverkehr und Tourismus, eine Konzeption für einen umweltverträglichen Tourismus im Laufe dieser Legislaturperiode vorzulegen.[22] Zusätzlich hat das BfN auch Broschüren zum Thema veröffentlicht, die sich u.a. mit den durch Tourismus verursachten Umweltschäden beschäftigen.[23]

Zum Thema „Biodiversität und Tourismus" wurden Forschungsaufträge an Dritte vergeben (Bundesamt für Naturschutz 1997a).[24] Die daraus veröffentlichte Studie setzt an der 1992 in Rio im Rahmen der Konferenz der Vereinten Nationen für Umwelt und Entwicklung (UNCED) vereinbarten Konvention über die

---

20 Eine detaillierte Auflistung verschiedener Veröffentlichungen des UBA enthält die Literaturauswahl „Tourismus, Sport, Freizeit, Erholungsvorsorge" (Sonderausgabe zur ITB Berlin 1997) vom Bundesumweltministerium (Referat N II 3).

21 Vgl. aktuell den „2. Zwischenbericht über den Einfluß des Tourismus auf Natur und Umwelt sowie Maßnahmen und Handlungsbedarf zur Förderung einer verträglichen Entwicklung - Daten, Wertungen, Empfehlungen unter besonderer Berücksichtigung der Bundesebene". Der Zwischenbericht stand Ecologic bei der Erstellung dieser explorativen Studie nicht zur Verfügung.

22 Vgl. auch das Protokoll zur Sitzung des Bundestagsausschusses Fremdenverkehr und Tourismus vom 29.01.1997.

23 Vgl. Bundesamt für Naturschutz (1997b und 1996).

24 Im Rahmen des FuE-Vorhabens „Umweltverträgliche Tourismuskonzepte für Küstenregionen" (UFOPLAN-Vorhaben FKZ 101 02 12) wurde die Studie „Biodiversität und Tourismus" vom Büro für Tourismus- und Erholungsplanung (BTE) und, was die rechtlichen Aspekte des Berichts angeht, von Rechtsanwalt Dr. Lothar Gündling erstellt.

biologische Vielfalt (Biodiversitätskonvention) an. In der Konvention verpflichteten sich die Vertragsstaaten, die biologische Vielfalt auf der Erde zu schützen und nachhaltig zu nutzen. Tourismus wird darin als eine wesentliche Nutzung mit Wirkung auf die globale Biodiversität bewertet. Insgesamt wird der Tourismus in der Biodiversitätskonvention wie auch in der Agenda 21 allerdings nur am Rande behandelt. Die BfN-Studie rückt die Beziehung zwischen „Biodiversität" und „Tourismus" am Beispiel der vom Tourismus besonders betroffenen Meeresküsten in den Mittelpunkt des komplexen Forschungsgebietes „Umwelt und Tourismus" (Bundesamt für Naturschutz 1997a).

Parteien

Die Parteien, die dem Bundestag in der 13. Legislaturperiode angehören, setzen tourismuspolitisch zwar unterschiedliche Schwerpunkte in den verschiedenen Programmen, inhaltlich unterscheiden sich die tourismuspolitischen Aussagen mit Ausnahme von Bündnis 90/Die Grünen jedoch kaum. Alle betonen die Beachtung des Umweltschutzes im Tourismus, und sie fordern die Einführung eines touristischen Gütesiegels, das umwelt- und sozialverträgliche Formen des Reisens kennzeichnet. Sie sprechen sich zudem für die Unterstützung umweltfreundlicher Urlaubsformen wie Wandern und Radfahren aus und fordern, daß die Bahn als Beförderungsalternative zum PKW attraktiver werden sollte. Unisono wird jedoch gegen eine Beschränkung der Mobilität aus Umweltschutzgründen argumentiert (Kern 1995: 40).

Die Parteien setzen sich seit Veröffentlichung des tourismuspolitischen Programms der Bundesregierung im Jahr 1975 verstärkt mit dem Tourismus auseinander. In einer Vielzahl von parlamentarischen Anträgen, Anfragen und Beschlußvorlagen wurden dabei gerade in jüngster Zeit auch die Beziehungen zwischen „Umwelt und Tourismus" thematisiert. Außerdem war die Entwicklung des Tourismus Gegenstand verschiedener Debatten im Deutschen Bundestag, wobei auch hier besonderes Augenmerk auf das Verhältnis von „Umwelt und Tourismus" gerichtet wurde.[25]

Die Partei der *Grünen* hat schon im Jahr 1988 ein Diskussionspapier „für einen anderen Tourismus" vorgelegt. Ziel der Grünen war es, Ökonomie und Ökologie im Tourismus so weit in Einklang zu bringen, daß ein umweltverträglicher Tourismus den Interessen der Reisenden wie auch denen der Bereisten gerecht wird (Becker et alii 1996: 59). Innerhalb der Partei befaßt sich der Arbeitskreis II „Umwelt, Raumordnung und Verkehr" mit der Tourismus- und Umweltpolitik. Die Grünen setzen sich im Tourismusausschuß nachdrücklich für eine „Wende in der Tourismuspolitik" (Brendle und Müller 1996) ein. In einer Vielzahl von Anträgen und Anfragen thematisieren sie immer wieder die Umweltrelevanz dieses

25 Vgl. die Plenarprotokolle 13/41 (1. Juni 1995), 13/86 (8. Februar 1996), 13/107/Nachtrag Anlage 2 (23. Mai 1996) und 13/138 (14. November 1996).

Wirtschaftssektors.[26] Bündnis 90/Die Grünen kritisieren gegenwärtig den angeblichen Rückzug des Staates aus der politischen Verantwortung auch im Bereich Tourismus. Es sei ihrer Meinung nach Aufgabe des Staates, politische Rahmenbedingungen auch für den Tourismus zu setzen, ohne jedoch in Detailsteuerung zu verfallen.[27]

Auch die *Christdemokraten* heben in ihren „Leitlinien zur Fremdenverkehrs- und Tourismuspolitik" aus dem Jahr 1992 die Bedeutung einer intakten Natur für den Tourismus hervor. In einem eigenen Kapitel zum Umweltschutz wird festgestellt, daß die Abwehr von Gefahren für die Umwelt, die Natur und die Landschaft Vorrang vor wirtschaftlichen Interessen haben müsse (vgl. Becker et alii 1996). In der CDU/CSU-Fraktion beschäftigt sich die Arbeitsgruppe „Fremdenverkehr und Tourismus" mit tourismuspolitischen Spezialthemen. Zusammen mit dem Koalitionspartner FDP haben auch die Christdemokraten verschiedene Anträge im Bundestag eingebracht, die sich teilweise direkt mit dem Verhältnis von „Umwelt und Tourismus" befassen.[28]

Das tourismuspolitische Konzept der *FDP* richtet sich gezielt auf die Bedeutung des Fremdenverkehrs als Wirtschaftszweig. Die FDP-Fraktion im Deutschen Bundestag hat 1985 ein „Liberales Fremdenverkehrskonzept" vorgelegt. Sie fordert darin, dem Tourismus als Wirtschaftsfaktor mehr Aufmerksamkeit zu schenken. Außerdem schlagen die Liberalen die regelmäßige Vorlage eines tourismuspolitischen Berichts der Bundesregierung vor (Kern 1995: 40). Umweltaspekte spielen dagegen keine besondere Rolle.

---

26 Vgl. Antrag „Imagekampagne 'Urlaub in Deutschland'" (BT-Drs. 13/1016 vom 30.3.1995); Kleine Anfrage „Grundlagen der Fremdenverkehrs- und Tourismuspolitik in Deutschland" (BT-Drs. 13/2312 vom 11.9.1995); Antrag „Information der Bundesregierung für Urlauberinnen und Urlauber - Überarbeitung der 'Ferienfahrt'-Broschüre" (BT-Drucksache 13/4728 vom 23.5.1996); Antrag „Regierungsprogramm für einen zukunftsfähigen Tourismus" (BT-Drs. 13/5213 vom 4.7.1996); Antrag „Institutionelle Stärkung einer zukunftsfähigen Tourismusentwicklung" (BT-Drs. 13/5785 vom 11.10.1996); Kleine Anfrage „Internationaler Tourismus (Teil 1)" (BT-Drs. 13/6684 vom 27.12.1996); Kleine Anfrage „Internationaler Tourismus (Teil 2): Tourismusförderung" (BT-Drs. 13/6685 vom 27.12.1996) und Kleine Anfrage „Internationaler Tourismus (Teil 3): Internationale Vereinbarungen" (BT-Drs. 13/6686 vom 27.12.1996).

27 Vgl. die Stellungnahme zu den Themen „Zukunft des Tourismus - Chancen und Risiken" und „Regulierung des Tourismus" von Halo Saibold im Rahmen der Pressekonferenz des Saarländischen Rundfunks am 10. März 1997 auf der Internationalen Tourismus-Börse (ITB) in Berlin.

28 Vgl. Anträge der Fraktionen CDU/CSU und FDP „Situation des deutschen Hotel- und Gaststättengewerbes" (BT-Drs. 13/541 vom 15.2.1995), „Umweltschutz und Tourismus" (BT-Drs. 13/1531 vom 31.5.1995), „Tourismus in die Dritte Welt" (BT-Drs. 13/3142 vom 29.11.1995) und den Entschließungsantrag beider Fraktionen zu der Großen Anfrage der Abgeordneten Dr. Eberhard Brecht, Susanne Kastner, Iris Follak, weiterer Abgeordneter und der Fraktion der SPD - Drucksachen 13/4048, 13/5087 - „Entwicklung des Fremdenverkehrs in den neuen Bundesländern" (BT-Drs. 13/6718 vom 14.1.1997).

Für die *Sozialdemokraten* hat deren Arbeitsgruppe Fremdenverkehr 1993 „tourismuspolitische Leitlinien für die SPD" herausgegeben. Im Konfliktfeld „Umwelt und Tourismus" ist es das Ziel der SPD, eine dauerhafte Entwicklung des Tourismus zu erreichen, die den Belangen der gegenwärtigen Generation gerecht wird und dabei zukünftigen Generationen nicht schadet. Im Gegensatz zur CDU/CSU formulieren die Sozialdemokraten konkrete Umsetzungsmaßnahmen, die dazu beitragen sollen, das Ziel eines sozialverantwortlichen, umweltverträglichen sowie wirtschaftlich erfolgreichen Tourismus zu erreichen. Von seiten der SPD fehlen laut Kern allerdings eindeutige Aussagen, durch welche Maßnahmen die Partei zu einer Verbesserung der politischen Koordination im Tourismusbereich beitragen will (Kern 1995: 39f.). So ergeben sich z.B. Zielkonflikte, wenn einerseits bezahlbarer Urlaub für alle verlangt, aber andererseits die Verbesserung der Arbeitsbedingungen (u.a. höhere Löhne) der in der Tourismusbranche Beschäftigten gefordert wird (Becker et alii 1996: 59). Auch von der SPD liegen aus der jüngsten Vergangenheit Anträge an den Bundestag vor, die sich dem Thema „Umwelt und Tourismus" widmen.[29]

Die *PDS* hat sich bisher nicht eingehender mit dem Thema „Umwelt und Tourismus" beschäftigt, jedoch ihr Interesse an der parlamentarischen Begleitung der Entwicklung speziell in den neuen Bundesländern bekundet (Kern 1995: 40).

Werbegemeinschaften

Die *Deutsche Zentrale für Tourismus (DZT)* hat als nationale Marketingorganisation die Aufgabe, für das Produkt „Deutschland" im Ausland zu werben. Mitglieder der DZT sind Körperschaften, Verbände, Vereinigungen und Unternehmen, wie z.B. die Deutsche Bahn AG, die Lufthansa oder die Sixt AG. Die DZT wird überwiegend aus Bundesmitteln (85%) finanziert und zählt deshalb auch zu den öffentlichen Akteuren. 15% der Mittel stammen aus eigenen Einnahmen. Neben einer Zentrale in Frankfurt unterhält die DZT 94 Auslandsvertretungen. Die DZT beschäftigt 175 Mitarbeiter und verfügt 1997 über ein Jahresbudget von 47,6 Mio. DM. Der Bund ist durch Vertreter des BMWi und des Bundesfinanzministeriums im Verwaltungsrat vertreten, die Länder sind im Beirat sowie im DZT-Marketingausschuß beteiligt. Eigenständige Umweltaktivitäten hat die DZT bisher nicht entfaltet.

---

29 Vgl. Antrag „Förderung eines Modellprojekts für Umwelt und Verkehr im Tourismus" (Drucksache 13/3554 vom 22.1.96) und Entschließungsantrag zu der Großen Anfrage der Abgeordneten Dr. Eberhard Brecht, Susanne Kastner, Iris Follak, weiterer Abgeordneter und der Fraktion der SPD - Drucksache 13/4048, 13/5087 - „Entwicklung des Fremdenverkehrs in den neuen Bundesländern" (BT-Drs. 13/6739 vom 15.1.1997).

2.1.2 Die gemischten Akteure auf Bundesebene

Neben rein öffentlichen und privaten Akteuren gibt es im Tourismus Mischformen tourismuspolitischer Akteure, die teils private, teils öffentliche Mitglieder haben (Freyer 1995: 281).

Deutscher Fremdenverkehrsverband (DFV)

Der *Deutsche Fremdenverkehrsverband (DFV)* ist die Dachorganisation aller deutschen Fremdenverkehrsregionen und -gemeinden. Er vertritt die Interessen von mehr als 6.000 touristisch bedeutsamen Städten und Gemeinden gegenüber der Legislative wie der Exekutive. Der DFV ist ein Dachverband der jeweiligen Landes- und Regionalverbände und dem Charakter nach ein Fachverband für die als Anbieter touristischer Leistungen in Deutschland auftretenden Fremdenverkehrsorte und Regionen (Brendle und Müller 1996: 23).

Als reiner Dachverband verfügt der DFV nur über geringe finanzielle und personelle Kapazitäten.[30] Da die 26 Landesverbände des DFV die eigentlichen Entscheidungsträger im Verband darstellen, ist seine Politik von dem Zusammenwirken aller Landesverbände abhängig.[31]

Der DFV hat sich in der Vergangenheit verschiedentlich mit dem Thema „Umwelt und Tourismus“ auseinandergesetzt. Das selbst entwickelte sogenannte „Umweltkonzept des DFV“ hat zum Ziel, den Tourismus in Deutschland in der Zukunft umweltgerechter zu gestalten. Qualitatives soll quantitativem Wachstum vorgezogen werden. Ebenso soll der umweltfreundliche Tourismus nicht nur als Nischenmarkt existieren, sondern zur Grundlage aller touristischer Leistungen werden. Die Schwerpunkte der umweltorientierten Arbeit im DFV liegen in den folgenden Bereichen (EPS Environment Protection Services 1996: 89):

- Konzeption von Projekten,
- Beratung der Mitglieder,
- Information nach innen und außen,
- Verbreitung auf Bundesebene.

Der DFV hat einen Ausschuß für „Umwelt und Tourismus“ eingerichtet, der u.a. zu Fragen der Umweltgütesiegel Stellung bezieht und die laufenden Maßnahmen und Projekte in den Ländern und Regionen der Bundesrepublik gebündelt behandelt. Dem Ausschuß gehören Vertreter des Deutschen Städte- und Gemeindebundes, des Deutschen Hotel- und Gaststättenbundes und des Deutschen Bäderverbandes an. Ein aktuelles Beispiel umweltorientierter Tourismuspolitik des DFV ist der zusammen mit dem BMWi, dem BMU und dem UBA durchgeführte

30 5 ½ Mitarbeiter und ungefähr 1 Million DM Haushaltsmittel pro Jahr.

31 Die daraus resultierende Verlangsamung der Entscheidungsprozesse wie auch weitere Kritik in bezug auf die Effizienz des DFV waren der Grund dafür, daß der bayerische Fremdenverkehrsverband inzwischen aus der Dachorganisation ausgeschieden ist. Weitere gewichtige institutionelle Veränderungen im Verband sind mittelfristig wahrscheinlich, auch wenn sie im einzelnen derzeit nicht prognostiziert werden können.

Wettbewerb „Umweltfreundliche Fremdenverkehrsorte in Deutschland“ (EPS Environment Protection Services 1996: 89ff.).

Deutscher Bäderverband (DBV)

Der *Deutsche Bäderverband (DBV)* vertritt und fördert die Interessen von fünf Fachverbänden aus dem Bereich Kur- und Bäderwesen. Als eigentlich privatrechtlich verfaßter Verein nimmt der DBV über die obligatorischen Vorgaben, die beitrittswillige Gemeinden zu erfüllen haben, indirekt auch öffentliche Aufgaben war. Damit ist er z.B. mit dem TÜV oder dem DIN zu vergleichen, die, obwohl sie als privatrechtliche Vereine organisiert sind, trotzdem öffentlich verbindliche Vorgaben und Normen erlassen können. Die Aufgaben des DBV liegen vor allem im gesundheitspolitischen, aber auch im tourismuspolitischen Bereich. Der DBV sieht sich selbst als den am längsten im Bereich „Umwelt und Tourismus“ tätigen Verband an. Eine Reihe von Umweltvorschriften ist historisch zunächst in den Kurorten zum Tragen gekommen und unter Mitwirkung des DBV weiter verbreitet worden. Dies gilt etwa für Lärmschutzvorschriften, die bereits auf Aktivitäten aus dem Jahr 1923 zurückgehen, oder auch für Begrenzungen von Luftschadstoffen, die in den 50er Jahren erarbeitet wurden. Den spezifischen Interessen seiner Mitglieder folgend, unterstützt der DBV derzeit eine Reihe von Projekten, die auf eine stärkere Einbeziehung des Umweltschutzes im Bereich des Tourismus ausgerichtet sind. Er arbeitet z.B. im Bereich der „Verkehrsberuhigung in Kurorten“ eng mit dem Umweltbundesamt zusammen. 1995 organisierte der DBV eine Fachtagung zum Thema „Lärmschutz“, die die seit 1985 gemachten Erfahrungen zur Verkehrsberuhigung in Kurorten behandelte. Gegenwärtig sind wegen der Strukturreformen im Gesundheitswesen ökologische Aspekte in der Arbeit des DBV allerdings in den Hintergrund getreten. Vielmehr stehen die aktuell zu verzeichnenden Umsatzeinbußen von 40% im ersten Quartal 1997 und die damit einhergehenden Wirkungen auf die Beschäftigungssituation im Mittelpunkt des Interesses.

Deutschland Tourismus Marketing GmbH (DTM)

Am 1. Januar 1997 wurde die *Deutschland Tourismus Marketing GmbH (DTM)* von der DZT, dem DFV und dem Bundesverband der Deutschen Tourismuswirtschaft (BTW) gegründet. Ziel der DTM ist es, den inländischen Tourismus in Deutschland zu fördern. Die wichtigste Aufgabe der DTM besteht darin, die bisher wegen der „touristischen Kleinstaaterei“ im deutschen Fremdenverkehr entstandenen Marketingnachteile zu überwinden. Die Gründung ist auch eine Reaktion auf die seit geraumer Zeit rückläufigen Privatreisen der Deutschen im eigenen Land. Unter dem Motto „Entdecken Sie Neuland“ startete die DTM im Mai 1997 ihre erste Kampagne zu Urlaub und Reisen in Deutschland. Bis die angestrebte vollständige privatwirtschaftliche Finanzierung erreicht ist, wird die DTM durch öffentliche Mittel finanziert.[32]

---

32 Vgl. Süddeutsche Zeitung vom 28. Februar 1997.

Personell ist die DTM noch sehr gering ausgestattet. Die bisher geleistete Arbeit wurde überwiegend von Mitarbeitern der DZT, die in den gleichen Räumen tätig ist, erbracht. Außer der anstehenden Marketing-Kampagne konnte in der kurzen Zeit des Bestehens noch keine detailliertere Strategie erarbeitet werden. Eine Marketinganalyse, die beispielsweise Aufschluß über weitere Möglichkeiten für den sanften Tourismus in Deutschland geben würde, wurde bisher nicht erstellt.

Deutschland Informations- und Reservierungsgesellschaft (DIRG)

Die *Deutschland Informations- und Reservierungsgesellschaft (DIRG)* wurde im Juni 1995 auf Initiative des Bundes (BMWi) gegründet. Nach längeren Diskussionen über die genaue Aufgabenstellung konzentriert sich die DIRG nun auf

- die Beratung der Fremdenverkehrsinstitutionen der Länder bei der Einrichtung von Informations- und Reservierungssystemen,
- die Systemkoordination und
- die Bündelung von Marketingdienstleistungen (ausschließlich Marketing gegenüber den Wiederverkäufern).

Für die Aufbau- und Anschubphase der DIRG sind zwischen 1996 und 2000 ca. 5,9 Millionen DM veranschlagt worden.[33] Ab 2001 ist geplant, daß die DIRG ihre Arbeit kostendeckend leistet.[34]

Die Unterstützung der DIRG durch alle Bundesländer bedeutet einen zuvor nicht erreichten Konsens unter ihnen. Als Antwort auf die sich auch im Tourismusbereich globalisierenden Märkte und den verschärften Wettbewerb will die DIRG erreichen, daß auch das „Reiseland Deutschland" national wie international hinsichtlich seiner touristischen Angebote flächendeckend „buchbar" wird. Die Gründung der DIRG kann als Reaktion auf die zurückgehende Nachfrage nach Deutschland-Urlaub bewertet werden.

Bisher sind bereits 24 Spitzenorganisationen des deutschen Tourismus DIRG-Gesellschafter geworden. Die DIRG kooperiert im nationalen wie internationalen Marketing eng mit der Deutschen Zentrale für Tourismus (DZT). Die DIRG besteht aus einem kleinen Personalstamm, wird aber darüber hinaus von externen Beratern unterstützt.

---

33 Die Finanzplanung wird jedoch noch überprüft. Im Jahr 1996 haben Bund und Länder der DIRG zusammen 983.000 DM zur Verfügung gestellt. Davon hat der Bund 49,6% übernommen. Auch zukünftig sollen die öffentlichen Mittel für die DIRG jährlich bewilligt werden.

34 Vgl. Woche im Bundestag (wib) 20/96 - X/63 vom 20. November 1996, S. 39.

2.1.3 Die privaten Akteure auf Bundesebene

Organisationen der deutschen Tourismuswirtschaft

Zum Jahresende 1995 wurde der *Bundesverband der Deutschen Tourismuswirtschaft (BTW)* gegründet. Der BTW hat das zuvor existierende Präsidium der Deutschen Fremdenverkehrswirtschaft als zentrales Koordinierungsinstrument der Tourismuswirtschaft ersetzt. Gründungsmitglieder der BTW waren die Spitzenverbände und wichtigsten Unternehmen der Tourismusbranche. In dieser neuen Dachorganisation sind der Deutsche Hotel- und Gaststättenverband (DEHOGA), der Deutsche Reisebüro-Verband (DRV), der IHA-Hotelverband, die Arbeitsgemeinschaft deutscher Luftfahrtunternehmen (ADL), der Bundesverband mittelständischer Reiseunternehmen (asr), der Internationale Bustouristik-Verband, die Gütegemeinschaft Buskomfort, der Bundesverband Deutscher Omnibusunternehmer (BDO), die Deutsche Bahn AG, die Lufthansa, Hapag Lloyd, Karstadt, die NUR Touristik GmbH, LTU, TUI, die Europäische Reiseversicherung, INFOX (Informationslogistik), die START Holding GmbH und die Deutsche Messe Berlin vertreten. Der DFV ist dem BTW bisher nicht beigetreten. In Zukunft ist allerdings von einer Annäherung zwischen BTW und DFV auszugehen (vgl. Abschnitt 2.1.2).

Aufgabe des BTW ist die politische Koordinierung der Tourismuswirtschaft auf nationaler Ebene und die Vertretung der Interessen der deutschen Tourismuswirtschaft bei der EU. Die durchaus heterogenen Interessen der einzelnen Verbandsmitglieder erschweren diesen Auftrag jedoch. Stellungnahmen zum Thema Tourismuspolitik und Umweltpolitik sind bisher noch nicht ausgearbeitet worden. Vordringliches Ziel des Verbandes ist die Förderung der Tourismuswirtschaft.

Im sogenannten „Berliner Programm 1996" hat der BTW ein Leitbild für die deutsche Tourismuswirtschaft aufgestellt, das die Wünsche der gesamten deutschen Tourismusindustrie in einem Aktions- und Maßnahmenkatalog bündelt. Im einzelnen wurde gefordert (Bundesverband der deutschen Tourismuswirtschaft 1996: 31):

- wettbewerbsfähige Rahmenbedingungen,
- unterstützende Maßnahmen in der Beschäftigungspolitik,
- Stärkung und Sicherung des Tourismusstandortes Deutschland,
- Anerkennung der sozialökonomischen Bedeutung,
- aktives Mitgestaltungsrecht bei tourismuspolitischen nationalen und internationalen Maßnahmen,
- Neuordnung und Konzentration der öffentlichen Mittel,
- Befreiung von überflüssigen regulierenden und steuernden Maßnahmen seitens der Politik,
- Abbau von Steuern, Abgaben und Regulierungen als Voraussetzung für Wachstum, Stabilität, Beschäftigungszunahme und Existenzgründungen,

- Anschubfinanzierungen und Existenzsicherungsprogramme durch öffentliche Finanzierungsmaßnahmen,
- Vermeidung und Abbau eurokratischer Strangulierung und Überregulierung,
- Harmonisierung der Steuern und Abgaben im Bereich der EG,
- Durchsetzung globaler Umweltschutzprogramme.

Die Einrichtung eines Umweltausschusses bzw. eines Umweltreferats beim BTW ist nicht geplant. Die umweltrelevanten Fragen der Tourismuswirtschaft sollen auch in Zukunft auf der Ebene der Mitgliedsverbände bearbeitet werden.

Zum Führungskreis des BTW gehören namhafte Vertreter der deutschen Tourismusverbände, z.B. aus dem Deutschen Hotel- und Gaststättenverband (DEHOGA) oder dem Deutschen Reisebüroverband (DRV), und führende Manager aus wichtigen Tourismusunternehmen wie der TUI oder der Deutschen Bahn AG. Die Mitglieder des Präsidiums trafen 1996 mit Bundeskanzler Helmut Kohl zusammen. Im Rahmen dieses Gedankenaustausches wurde beschlossen, daß künftig ein Vertreter des BTW den Bundeskanzler auf seinen Auslandsreisen begleiten solle, was inzwischen bereits einmal geschehen ist. Dies, wie auch die Eröffnung der ITB 1997 durch den Bundeskanzler, kann als Hinweis für die gestiegene politische Bedeutung des Tourismus gewertet werden (Deutscher Hotel- und Gaststättenverband o.J.: 183).

Als Bundesverband des deutschen Reisebürogewerbes vertritt der *Deutsche Reisebüroverband (DRV)* die Interessen der Reiseveranstalter (Pauschalreiseproduzenten) und der Reisebüros (Reisemittler). Im DRV sind ca. 3.500 Betriebe organisiert. Hinzu kommen ca. 700 Firmen, Institutionen und Organisationen als außerordentliche Mitglieder. Der DRV als Fachverband mit direkter Mitgliedschaft finanziert sich überwiegend aus Mitgliedsbeiträgen (Brendle und Müller 1996: 23).

Seit 1986 nimmt sich der DRV des Themas „Umwelt und Tourismus" an. Der 1988 gegründete Ausschuß „Umwelt und Kultur" hat ein Grundsatzpapier erarbeitet, in dem er Wirtschaftswachstum nicht als Selbstzweck bezeichnet, sondern gleichzeitig eine Verbesserung der menschlichen Lebensqualität fordert. Ziel der Ausschußarbeit ist die Stärkung des Umweltbewußtseins in der deutschen Tourismusbranche, bei den deutschen Touristen und in den Zielgebieten. Die Aktivitäten des Ausschusses „Umwelt und Kultur" richten sich auf die Reduzierung der Umweltbelastung z.B. durch die Entwicklung und Unterstützung umweltschonender Konzepte für Reisebüros und Veranstalter. Gegenüber der Politik vertritt der Ausschuß seine Ziele, indem er an der Formulierung von Umweltgesetzen teilnimmt. Ferner informiert er Urlauber durch Informationsschriften und nimmt direkten Einfluß auf die touristischen Zielgebiete u.a. durch regelmäßigen Kontakt zu den regionalen wie überregionalen Entscheidungsträgern. Seit 1987 vergibt der DRV einen Preis für vorbildliche Umweltschutzprojekte im Tourismus (EPS Environment Protection Services 1996: 92ff.). Der DRV steht einer Erweiterung der europäischen Öko-Audit-Verordnung, die in Zukunft auch Dienstleister berücksichtigen soll, positiv gegenüber und strebt die

Aufnahme von Reisebüros in die unter die Öko-Audit-Verordnung fallenden Unternehmen an.

Der *Deutsche Hotel- und Gaststättenverband (DEHOGA)* nimmt die Interessenvertretung des Gastgewerbes auf Bundesebene war. Im DEHOGA sind 18 Landesverbände organisiert. Er vertritt als Fachverband der jeweiligen Landesverbände damit mittelbar ca. 100.000 Betriebe aus dem Gastgewerbe.

Als einer der ersten Verbände hat der DEHOGA ein eigenes Umweltreferat gegründet. 1990 gab der DEHOGA eine vom BMU unterstützte Studie in Auftrag, die die Erarbeitung von Maßnahmen zur Umweltschutzberatung im Hotel- und Gaststättengewerbe zum Ziel hatte. In der daraus entstandenen jüngst aktualisierten Broschüre „So führen Sie einen umweltfreundlichen Betrieb - Kosten senken durch Umweltschutz“[35] stellt der DEHOGA einen 40-Punkte-Katalog vor. Erklärtes Ziel der DEHOGA ist es, letztlich zu einer kontrollierten Selbstverpflichtung der Betriebe auf der Basis des 40-Punkte-Katalogs zu kommen (EPS Environment Protection Services 1996: 87f.; Deutscher Hotel- und Gaststättenverband o.J.: 171ff.). Einer Beteiligung der im DEHOGA organisierten Betriebe an einem Öko-Audit steht der Verband deshalb bisher ablehnend gegenüber. Man will vielmehr den eigenen mit dem 40-Punkte-Katalog eingeschlagenen Weg fortsetzen.

Der *Bundesverband mittelständischer Reiseunternehmer (asr)* hat ca. 1.800 Mitgliedsunternehmen (insbesondere Reiseveranstalter und -mittler sowie Luftfahrtunternehmen). Bereits seit Jahren setzt sich der asr z.B. für Umweltverträglichkeitsprüfungen in den Zielländern ein. Ebenso fordert er, daß die Kunden bereits in den Katalogen auf die Umweltsituation ihres Reisezielgebietes hingewiesen werden. Auf den Mitgliederversammlungen des asr wie auch in der Verbandszeitschrift „asr aktuell“ werden Umweltaspekte berücksichtigt. Der asr arbeitet eng mit der Interessengemeinschaft Ecotrans Deutschland zusammen und hat vor allem redaktionell zu der dort bis 1996 herausgegeben Zeitschrift „EcoLetter“ beigetragen (EPS Environment Protection Services 1996: 85f.).

Als Zusammenschluß besonders umweltbewußter Reiseunternehmen etabliert sich gerade die Vereinigung *„anders reisen“*, die 1995 auf dem Reisemarkt in Köln gegründet wurde. Dabei handelt es sich um einen Zusammenschluß von etwa 30 Unternehmen, die alle dem „sanften Tourismus“ verpflichtet sind. Der Vereinigung geht es in erster Linie um eine Verbesserung des Marketings für umweltgerechte Reiseformen. Damit schließt „anders reisen“ an die Zielsetzung der inzwischen nicht mehr existierenden Interessengemeinschaft sanftes Reisen an. Der Zusammenschluß ist jedoch, was die Ziele der Beteiligten angeht, sehr heterogen aufgebaut. So besteht etwa keine einheitliche Position zu Flugreisen. Angesichts der recht unterschiedlichen Ansichten der Mitgliedsunternehmen sind von „anders reisen“ auf absehbare Zeit keine Anstöße für die Fortentwicklung von

35 Vgl. Deutscher Hotel- und Gaststättenverband (DEHOGA) (1997).

Öko-Labeln für Tourismusunternehmen zu erwarten. Die geringe Größe der Vereinigung wird ihren tourismuspolitischen Aktivitäten enge Grenzen setzen.

Deutsche Tourismusunternehmen

Die deutsche Tourismusindustrie hat in den letzten Jahren ihre Aktivitäten für den Umweltschutz zurückgeschraubt. Durch die rezessiven Tendenzen der letzten Jahre hat sich das Nachfrageverhalten der Kunden in Deutschland gewandelt, und Umweltaspekte stehen nicht mehr so im Vordergrund wie bisher. Die fünf größten deutschen Veranstalter weisen jedoch unterschiedliche Entwicklungen im Bereich „Umwelt und Tourismus" auf (vgl. tm touristik management 1997):[36]

Beim *Deutschen Reisebüro (DER)* zählt der Umweltschutz weiter zum integralen Bestandteil der Unternehmensphilosophie. Ein Ausschuß aus allen Unternehmensbereichen koordiniert die Umweltaktivitäten. Außerdem arbeitet DER seit mehreren Jahren mit dem Worldwide Fund for Nature (WWF) zusammen. Der WWF erhält von DERtour jährlich die Erlöse eines Umweltgroschens (tm touristik management 1997: 58f.; EPS Environment Protection Services 1996: 17ff.)

Bei *ITS Reisen* wird eingeräumt, daß wegen firmeninterner Umstrukturierungsmaßnahmen die Umweltarbeit in den Hintergrund getreten ist. Eine Umweltabteilung wurde zuvor aufgelöst, jetzt beginnt man in Sachen Umwelt wieder von vorne und befindet sich gerade in der Planungsphase. Im Herbst 1996 fand eine erste Umweltprüfung statt. Auf der Verbandsebene ist ITS im Ausschuß für Umwelt und Kultur der DRV aktiv (tm touristik management 1997: 60; EPS Environment Protection Services 1996: 27f.).

Bei *Neckermann Reisen (NUR)* ist der Umweltaspekt in letzter Zeit entsprechend der allgemeinen Tendenz in der Branche in den Hintergrund getreten. Die unternehmensinternen Umweltleitlinien wurden nach eigener Aussage im Management aber voll umgesetzt (tm touristik management 1997: 60). Das Unternehmen verfügt über ein Umweltmanagementsystem. Außerdem pflegt es intensive Kontakte zu Kommunen, Umweltverbänden und Agenturen. Auch Neckermann ist Mitglied im DRV-Ausschuß „Umwelt und Kultur" (EPS Environment Protection Services 1996: 36ff.).

Die *Touristik Union International (TUI)* bezeichnet sich selbst als Vorreiter in Fragen umweltgerechten Reisens. Auf internationalen Veranstaltungen wie der Berliner ITB 1997 veranstaltete die TUI themenspezifische Symposien. Somit ist dieses Unternehmen mit seinen Umweltaktivitäten besonders sichtbar. Die TUI hat ein firmeninternes Umwelt-Netzwerk (TUI-Umwelt-Netzwerk, TUN!) installiert und investiert jährlich in ein Umwelt-Budget in Höhe mehrerer Millionen DM. Im

36 Detailliertere Informationen über die Umweltanstrengungen der deutschen Tourismusindustrie, auch der kleineren Unternehmen, sind in der Dokumentation von EPS Environment Protection Services (1996) „Das Grüne Buch der Touristik" zu finden.

Netzwerk sind alle firmeninternen, umweltrelevanten Akteure, wie z.B. der Umweltstrategieausschuß, der TUI-Umweltbeauftragte, der TUI-Vorstand, die Mitarbeiter sowie die Kunden beteiligt. Nach eigenen Aussagen handelt es sich um ein flexibles, selbstlernendes Netzwerk, das zur Umsetzung von Umweltstandards handlungs- und ergebnisorientiert beitragen kann (tm touristik management 1997: 62f.; EPS Environment Protection Services 1996: 44ff.; Iwand 1994).

Die *LTU* hat seit 1992 ein Unternehmensleitbild, in dem die mit dem Tourismus verbundenen ökonomischen, kulturellen und ökologischen Risiken zur Kenntnis genommen werden. Die LTU bekennt sich darin auch zu ihrer gesellschaftlichen Verantwortung und fördert nach eigenem Bekenntnis konstruktive Vorschläge, die dem Schutz der Umwelt dienen. Seit 1992 gibt es einen Umweltbeauftragten, der die Betriebliche Arbeitsgruppe Umwelt leitet. LTU kooperiert mit dem Bundesumweltministerium (Artenschutz), dem Umweltministerium der Malediven (Müll), dem Worldwide Fund for Nature (WWF) (Umwelterziehung) und der Europäischen Reiseversicherung (Artenschutz/Naturschutz; Umweltgroschen) (EPS Environment Protection Services 1996: 30ff.; Baltes 1997: 91).

Deutsche Nicht-Regierungsorganisationen (NRO)

Deutsche Nicht-Regierungsorganisationen wie der Deutsche Naturschutzring (DNR), Greenpeace, der Worldwide Fund for Nature (WWF), der Naturschutzbund Deutschland (NABU) oder der Bund für Umwelt und Naturschutz Deutschland (BUND), aber auch Fachverbände wie der Verkehrsclub Deutschland (VCD) oder der Allgemeine Deutsche Fahrradclub (ADFC) behandeln das Thema „Umwelt und Tourismus" meist nur am Rande. Immerhin hat der DNR jedoch eine Unterorganisation geschaffen, den Verein Ökologischer Tourismus in Europa (ÖTE). Aufgabe des ÖTE war bzw. ist es in erster Linie, ein Gütesiegel im Tourismusbereich (Grüner Koffer) zu entwickeln und zu verbreiten. (Vgl. hierzu auch die Ausführungen in Abschnitt 4.2.5.) Momentan ist die Zukunft des ÖTE, der immer nur mit geringen personellen wie materiellen Ressourcen ausgestattet war, unsicher. Vermutlich wird er gegen Ende des Jahres aufgelöst.[37]

Der *WWF*, der sich in anderen Ländern Europas stärker im Bereich „Umwelt und Tourismus" engagiert, ist innerhalb Deutschlands nur punktuell mit dem Thema beschäftigt. Ähnliches gilt für den *NABU*, der sich beispielsweise sehr stark in die Debatte um den Nationalpark Wattenmeer einbringt und dort auch intensiv tourismusbezogene Fragestellungen erörtert, aber Tourismus als Gesamtthemenkomplex nicht bearbeitet.

Traditionell im Bereich Tourismus sind die *Naturfreunde (Verein für Umweltschutz, Touristik und Kultur)* und innerhalb der Organisation vor allem die Naturfreunde-Jugend aktiv. Nach eigener Aussage waren sie federführend an der Prägung und der inhaltlichen Konkretisierung des Begriffes „sanfter Tourismus" beteiligt. National sind bei den Naturfreunden ca. 120.000 Mitglieder organisiert.

37 Dies ist nicht geschehen. Formal existiert der ÖTE weiterhin.

Die Arbeit der Naturfreunde wird insbesondere von den 750 Ortsgruppen geleistet. In Zukunft wird sich die Organisation speziell mit der sozialen Komponente des Tourismus befassen. Was die konkreten Aktivitäten und Inhalte hinter dieser programmatischen Aussage angeht, liegen zur Zeit jedoch keine näheren Informationen vor.

Im Rahmen der Arbeiten an der „Berliner Deklaration" zum Thema Biodiversität und Tourismus (vgl. Abschnitt 3.1.3) wirkten auch deutsche Nicht-Regierungsorganisationen mit. Direkt an der Ausarbeitung und an der Berliner Umweltministerkonferenz waren der Deutsche Naturschutzring und das Forum Umwelt und Entwicklung, ein Zusammenschluß von 35 deutschen NROs, beteiligt.[38]

2.1.4 Die Akteure auf Länderebene

Die 16 Bundesländer stehen in der Tourismuspolitik in föderalistischer Konkurrenz um die Gunst der in- wie ausländischen Reisenden zueinander. Gemeinsamkeiten der Länderpolitiken sind dabei nur begrenzt zu erkennen. Die Länder unternehmen ihre tourismuspolitischen Aktivitäten eigenständig und in Abhängigkeit von ihrer landesspezifischen Situation. In fast allen Ländern liegt die Federführung bei den Wirtschaftsministerien, -senaten oder -behörden. Obwohl die Tourismuspolitik gemeinhin als Querschnittspolitik charakterisiert wird, hat sich auf der Länderebene eine klare Zuständigkeitsstruktur herausgebildet, bei der andere tourismusrelevante Fachpolitiken nur bei Bedarf in den Entscheidungsprozeß einbezogen werden. Tourismuspolitik ist Wirtschaftspolitik. Sie dient als Wirtschaftsförderungs- bzw. Infrastrukturpolitik der ökonomischen Entwicklung des Bundeslandes und wird als wichtiger Beschäftigungsbereich gerade in industriell strukturschwachen, aber landschaftlich reizvollen Regionen angesehen (Kern 1995: 33ff.).[39]

Die meisten Bundesländer haben für ihre tourismuspolitischen Belange eigene Tourismusprogramme entwickelt, in denen sie die Rahmenbedingungen für die Entwicklung des Fremdenverkehrs in ihrem Land festlegen. Neben der Analyse der touristischen Situation eines Landes formulieren die Programme die meist mittelfristigen Ziele der Tourismuspolitik. Die unterschiedliche Schwerpunktsetzung hängt dabei von der jeweiligen Situation des Landes (altes bzw. neues Bundesland, Flächenland oder Stadtstaat, Küsten- oder Bergregion, Industrie- bzw. Agrarstruktur etc.) ab. Neben der Strukturverbesserung wirtschaftlich schwacher Regionen, der Schaffung von ausreichender Erholungskapazität und der Mittelstandsförderung stehen auch umwelterhaltende Maßnahmen in den Zielkatalogen einzelner Bundesländer. Die tourismuspolitischen Programme legen

38 Vgl. „Berliner Erklärung" vom 8. März 1997.

39 Die Darstellung der Länderebene stützt sich neben der Literaturauswertung auf eine Vielzahl von Interviews, die im Rahmen der Studie mit Vertretern der Landeswirtschafts- bzw. Landesumweltministerien geführt wurden.

zumeist auch die Kriterien für die Förderwürdigkeit verschiedener tourismuspolitischer Projekte im Land fest (Becker et alii 1996: 54).[40]

Was die Aufgaben der jeweilig zuständigen Referate in den Wirtschaftsministerien betrifft, so zeichnen sie sich durch eine Vielzahl verschiedener Kompetenzen aus. Dazu gehören nach Kern (1995: 37):

- Grundsatzfragen des Tourismus,
- die Koordinierung der ressortübergreifenden Kooperation,
- die Förderung der Infrastruktur,
- die Organisation von Tagungen,
- die Auszeichnung von Tourismusgemeinden,
- das Marketing und die Imagewerbung für das Bundesland,
- die Organisation von Wettbewerben,
- Weiterbildungsveranstaltungen,
- Informations- und Beratungsdienste,
- die Finanzierung der Tourismusforschung,
- die Förderung von Tourismusconsultants,
- die Unterstützung der Tourismuswerbung durch Bezuschussung der Landesfremdenverkehrsverbände und
- die Beantwortung parlamentarischer Anfragen zum Thema Tourismus.

Inwieweit andere Ressorts mit tourismuspolitischen Aufgaben betraut sind oder tourismusrelevante Entscheidungen fällen, ist von Land zu Land sehr unterschiedlich. Angesichts der großen Zahl der Bundesländer ist eine vollständige Analyse und ein Vergleich der Vor- und Nachteile der verschiedenen Länderpolitiken im Bereich „Umwelt und Tourismus" an dieser Stelle nicht zu leisten. Dies wäre Aufgabe einer detaillierteren Untersuchung. Entsprechend dem explorativen Charakter dieser Studie wird in den folgenden Abschnitten vielmehr besonderer Wert auf die Darstellung sehr prägnanter und im Hinblick auf die Beziehung zwischen Umweltpolitik und tourismusrelevanten Fachpolitiken besonders aufschlußreicher Beispielfälle gelegt. Zu diesem Zweck wurden die Bundesländer Hessen, Sachsen-Anhalt und Schleswig-Holstein ausgewählt. Sie sollen im folgenden hinsichtlich der Akteurskonstellationen und der umwelt- wie tourismuspolitischen Entwicklung näher beschrieben werden.

Hessen

Die Tourismuspolitik in Hessen[41] ist Sache des Wirtschaftsministeriums. Die tourismuspolitische Kompetenz liegt dort nach einer umfassenden Umorganisation des Ministeriums in den Händen des Referats „Infrastruktur, Landesplanung und Regionalentwicklung". In diesem Referat wird gegenwärtig an einer neuen Tourismuskonzeption für das Land gearbeitet, bis zur Stunde befindet sich diese

40 Zu den verschiedenen Fördermöglichkeiten aus europäischen wie nationalen Fördertöpfen vgl. Abschnitt 4.2.4.

41 Die folgende Darstellung beruht, wenn nicht anders belegt, auf Gesprächen mit Vertretern des Wirtschafts- bzw. des Umweltministeriums.

Konzeption aber erst in einem Entwurfsstadium. Umweltaspekte sollen nach Auskunft aus dem Wirtschaftsministerium in diese Konzeption einfließen. Bislang genoß umweltverträglicher Tourismus eine hohe Priorität in der Fremdenverkehrspolitik Hessens. So haben die Regierungsparteien SPD und Die Grünen den „sanften Tourismus" in den Mittelpunkt ihrer Tourismuspolitik gestellt (Becker et alii 1996: 56).

Gleichwohl gibt es im hessischen Umweltministerium, wie in den meisten anderen Bundesländern, keinen direkten Ansprechpartner zum Problemkreis „Umwelt und Tourismus". Ein interministerieller Ausschuß, an dem das Umweltministerium beteiligt ist, existiert zwar theoretisch, z.Zt. finden aber nicht zuletzt infolge personeller Veränderungen im Wirtschaftsministerium keine Sitzungen statt.

Im Landesparlament werden touristische Themen im Wirtschaftsausschuß behandelt. Einen Tourismusbeirat, der landesweit die tourismuspolitischen Akteure an einen Tisch bringt, gibt es in Hessen nicht.

Im Zusammenhang mit den umweltrelevanten Aspekten der Tourismuspolitik verdienen die hessischen Bestrebungen zur Regionalisierung der Strukturpolitik besondere Beachtung. Ziel ist es, den Entscheidungsprozeß über strukturpolitische Maßnahmen soweit zu dezentralisieren, daß gesellschaftliche Gruppen vor Ort selbst in Regionalforen über konkrete politische Maßnahmen zu entscheiden haben. Das Konzept der Regionalisierung strebt eine Integration aller relevanten Politikfelder, also auch der Tourismus- und der Umweltpolitik, an. Sektorspezifische Initiativen, beispielsweise auf dem Gebiet des Tourismus, sollen demnach als Element der regionalisierten Strukturpolitik verstanden und in einer politikfeldübergreifenden Kooperation zusammengeführt werden. Die zu entwickelnde hessische Tourismuskonzeption ist nach Auskunft des Wirtschaftsministeriums Bestandteil einer neuen Strukturpolitik. Das Land will sich dabei auf den Entwurf von Rahmenkonzepten beschränken. Ziel ist ein „Landesleitbild", das die einheitliche Grundlage von verschiedenen regionalen tourismuspolitischen Leitbildern darstellt. Die tourismuspolitische Vorgehensweise in den Regionen soll sich nach einheitlichen Grundsätzen vollziehen. Nachdem sich die Regionen intern über ihre touristischen Ziele verständigt haben, sollen sie auch ein Mitspracherecht bei der Vergabe von Fördermitteln erhalten. Mit diesem regionalisierten, aber von seiten des Landes auch konditionierten Abstimmungsprozeß soll der kommunale Wildwuchs z.B. beim Bau von Schwimmbädern zukünftig unterbunden werden.[42]

Als weiterer wichtiger landespolitischer Akteur im Bereich Tourismus ist der hessische Fremdenverkehrsverband (FVV) zu nennen, dem nach Auskunft des Wirtschaftsministeriums eine wichtige Rolle bei der Koordination der Tourismuspolitik zukommt. Der hessische FVV ist ein halbstaatlicher Verband. Obwohl er

42 Vgl. zur Regionalisierung der Tourismuspolitik in Hessen auch Hessisches Ministerium für Wirtschaft, Verkehr und Landesentwicklung (1997). Siehe dazu auch die Antwort des Ministers für Wirtschaft, Verkehr und Landesentwicklung auf die Kleine Anfrage des Abg. Posch (FDP) betreffend Förderung des Fremdenverkehrs (Druchsache 14/684) - Drucksache 14/1252 vom 1.2.1996.

als eingetragener Verein nicht öffentlich-rechtlich organisiert ist, wird er doch zum größten Teil durch Mittel des hessischen Wirtschaftsministeriums finanziert. Der Verband wird seinen Namen voraussichtlich ändern und zukünftig unter der Bezeichnung „Hessen Touristik Service" firmieren. Die Namensänderung wird damit begründet, daß die Bezeichnung „Fremdenverkehr" nicht mehr zeitgemäß und im internationalen Kontext nicht zu vermitteln sei. Der Fremdenverkehrsverband galt bisher als wichtigster Träger einer umweltgerechten Entwicklung des hessischen Tourismus. Nach eigenen Angaben hat der FVV dem Umweltschutz eine zentrale Bedeutung zugemessen. Der Arbeitskreis Tourismus und Natur des FVV besteht aus Vertretern aus dem Tourismusbereich und aus Vertretern der Leistungsträger, zugleich werden auch Umweltschutzverbände in die Arbeit einbezogen. Das Schwergewicht der umweltpolitischen Arbeit im ehemaligen FVV liegt auf der umweltkonformen Ausrichtung der hessischen Beherbergungsbetriebe. In mehrjährigem Rhythmus wird ein Wettbewerb „Umweltfreundliche Gastronomiebetriebe" durchgeführt. Nachdem zuletzt 1994 52 Gastronomiebetriebe ausgezeichnet wurden, wird der Wettbewerb 1997 erneut durchgeführt (vgl. auch Becker et alii 1996: 56; Laschke 1992).

Sachsen-Anhalt

Tourismus steht auch in Sachsen-Anhalt zuerst für wirtschaftliche Entwicklung. Der Tourismus wird als wichtiger Wirtschaftsbereich gesehen und bietet dem neuen Bundesland ökonomische Entwicklungspotentiale (Heidecke 1996: 2). Generell steht der Tourismus in den neuen Bundesländern unter anderen Vorzeichen als im Westen der Bundesrepublik. Während die Orientierung hin zu sanfteren Formen des Tourismus in Westdeutschland bereits vor Jahren begonnen hat und zum Teil intensive Diskussionen z.B. über die Begrenzung umweltschädigender Formen des Tourismus geführt wurden, steht in den neuen Bundesländern der Wunsch nach mehr Urlaubern gerade in der gegenwärtig ökonomisch angespannten Situation ganz oben auf der Agenda. Insofern haben Umweltschutzbestrebungen angesichts der aktuellen Beschäftigungslage in Sachsen-Anhalt einen um so schwereren Stand.

Das Bundesland arbeitet z.Zt. an einer Tourismuskonzeption, die im April bzw. Mai im Kabinett verabschiedet werden soll. Bei der Erstellung der Konzeption wurden nach eigener Aussage des Wirtschaftsministeriums auch Umweltaspekte berücksichtigt. Wie in den meisten Bundesländern liegt die Federführung in tourismuspolitischen Fragen auch in Sachsen-Anhalt beim Wirtschaftsministerium, das auch die Arbeit an der Tourismuskonzeption geleitet hat. Daneben wurden die verschiedenen Regierungspräsidien des Landes und der Tourismusverband an der Konzeption beteiligt.

Im Rahmen der interministeriellen Abstimmung von umweltpolitischen und anderen tourismusrelevanten Fachpolitiken wurde eine interministerielle Arbeitsgruppe eingerichtet. Unter Federführung des Wirtschaftsministeriums nehmen an dieser Arbeitsgruppe unter anderem Vertreter des Umwelt- und des Verkehrsministeriums teil. Dieses fest institutionalisierte Gremium befaßt sich mit allen tourismusrelevanten Fragen, seine Tätigkeit geht damit über die aktuelle Arbeit an der Tourismuskonzeption hinaus.

Auch in Sachsen-Anhalt wurde, ebensowenig wie in vielen anderen Bundesländern, bisher kein Tourismusbeirat eingerichtet. Nach der z.Zt. stattfindenen personellen Umstrukturierung im Umweltministerium, die nach Aussage der zuständigen Referentin zur Neuansiedlung der tourismuspolitischen Arbeit im Querschnittsreferat U 72 „Intergrierte Umweltkonzepte" führen soll, wird jedoch daran gedacht, auch in Sachsen-Anhalt regionale kommunikative Prozesse in Gang zu bringen. Vor dem Hintergrund der regionalen Umsetzung der Agenda 21 ist geplant, regionale Leitbilder für die zukünftige touristische Entwicklung im Land zu erarbeiten. Zu konkreten Schritten ist es dabei aber bisher nicht gekommen.

Die Aufgabe, den Meinungsaustausch zwischen den tourismusrelevanten Akteuren zu organisieren, übernimmt derzeit vor allem der Tourismusverband des Landes. Seit 1992 hat der Tourismusverband Sachsen-Anhalt einen Umweltausschuß eingerichtet, der sich um die Thematisierung des umweltfreundlichen Tourismus in Sachsen-Anhalt bemüht. Der Ausschuß gibt Publikationen heraus und war z.B. auch Mitinitiator einer im November 1996 veranstalteten Fachtagung zum Thema „Umweltverträglicher Tourismus in Sachsen-Anhalt" (Heidecke 1996: 5).

Projekte zum Thema „Umwelt und Tourismus" gibt es in Sachsen-Anhalt nur auf der regionalen Ebene. Im Vordergrund steht hierbei die Entwicklung der Harzregion, die in Sachsen-Anhalt unter Leitung des „Förderkreises Ostharz" vorangetrieben wird. Im Harz hat die Bundesstiftung Umwelt erstmalig ein tourismusrelevantes Umweltprojekt mit dem Titel „Entwicklung eines umweltfreundlichen Tourismus - Von der Konzeption zur modellhaften Umsetzung" gefördert. Seit Dezember 1995 wurde zuerst an einem Tourismusleitbild für die Region gearbeitet und eine Stärken/Schwächen-Analyse vorgenommen. Nachdem die Leitbildkonzipierung im Mai 1996 beendet wurde, ist man zur modellhaften Umsetzung von drei Schwerpunktbereichen übergegangen. Als Schwerpunkte der regionalen Aktivitäten im Harz wurden im Rahmen der Leitbildentwicklung die folgenden Aspekte hervorgehoben:

- Regionale Produktvermarktung,
- Verkehr, dabei insbesondere Intensivierung des ÖPNV,
- Schulung von Privatanbietern, besonders im Bereich Umweltbildung.

Zur Kommunikation unter den touristischen Akteuren im Harz wurde ein monatlich tagendes „Regionalforum Tourismus" eingerichtet. Daneben gibt es einen Projektbeirat, der dem Forum als Plattform zur Diskussion mit den politischen Entscheidungsträgern auf Kreis- wie auf Landesebene dient. Im Projektbeirat sind neben den Wirtschafts- und Umweltministerien des Landes Sachsen-Anhalt auch die entsprechenden Ministerien Thüringens vertreten, so daß es im Harzgebiet auch zu länderübergreifender Zusammenarbeit bei der touristischen Entwicklung kommt (vgl. Abschnitt 3.2.2).

Schleswig-Holstein

In Schleswig-Holstein ist der Tourismus ein besonders bedeutender Wirtschaftsfaktor. Er trägt im nördlichsten Bundesland mit 4,6% zum Volkseinkommen bei. Die herausgehobene Stellung der Tourismuswirtschaft in Schleswig-Holstein wird im bundesweiten Vergleich deutlich. Nur in Mecklenburg-Vorpommern (7,33%) hat der Fremdenverkehr eine vergleichbare Bedeutung (Bundesdurchschnitt: 2,81%). In Schleswig-Holstein sind ca. 80.000 Personen, also 7,5% aller Erwerbstätigen, im Tourismus beschäftigt (Landesregierung Schleswig-Holstein 1996: 5f.).

Das Land fällt aber auch in bezug auf die Gewichtung des Umweltschutzes bundesweit positiv auf, weil es sich vergleichsweise früh einem „sanften Tourismuskonzept" als tourismuspolitischer Rahmenkonzeption zugewandt hat. Seit 1990 hat das nördlichste Bundesland seine touristische Entwicklung einem umweltgerechten Tourismus verschrieben. In der ersten Fremdenverkehrskonzeption Schleswig-Holsteins wurde der „sanfte Tourismus" vom Wirtschaftsministerium zum zukünftigen Markenzeichen des Produkts „Urlaub in Schleswig-Holstein" erklärt (Minister für Wirtschaft, Technik und Verkehr des Landes Schleswig-Holstein 1991). Die Strategie des „sanften Tourismus" in Schleswig-Holstein beinhaltet folgende Schwerpunkte:

1. Umweltbeeinträchtigungen und -zerstörungen, die vom „harten" Tourismus auszugehen pflegen, sollen grundsätzlich vermieden werden. Wo sie bereits entstanden und irreversibel oder in Einzelfällen nicht vermeidbar sind, müssen sie durch geeignete Ersatz- und Schutzmaßnahmen ökologisch kontrollierbar gemacht werden.

2. Umweltbeeinträchtigungen und -schäden, die von anderen Wirtschaftsbereichen ausgehen, sind gesondert unter dem Gesichtspunkt der Erhaltung der ökologischen Grundlagen des Tourismus in Schleswig-Holstein zu bewerten und entsprechend zu verhindern.

3. Die regionale touristische Entwicklung muß im Einklang mit den Lebensgewohnheiten der Bevölkerung stehen und vor allem im Konsens mit ihr vor sich gehen. Die Betroffenen müssen frühzeitig über die Entwicklungsrichtung mitbestimmen können. Touristische Anlagen und Einrichtungen sollen zugleich die Lebensqualität der Bevölkerung verbessern. (Ministerium für Wirtschaft, Technik und Verkehr des Landes Schleswig-Holstein 1991: 21).

Der „sanfte Tourismus" wird in Schleswig-Holstein nicht als Urlaubsform verstanden. Vielmehr ist er eine Entwicklungsstrategie. Dabei kann jeweils nur im Einzelfall entschieden werden, ob ein touristisches Projekt dem Anspruch des „sanften Tourismus" gerecht wird.

Entsprechend wurden auch die Förderaktivitäten des Landes ausgerichtet. Der Schwerpunkt liegt auf der Förderung der Infrastruktur, dabei insbesondere bei Reservierungssystemen und Modernisierungsmaßnahmen. 1993 hat Schleswig-Holstein Richtlinien zur Umsetzung der Strategie des „sanften Tourismus" erlassen.[43] Es werden Projekte mit Modellcharakter unterstützt, allerdings hält sich der Förderungsetat mit 100.000 bis 200.000 DM pro Jahr in engen Grenzen. Förderungswürdig sind folgende Projekte:

- Projekte für einen umweltbewußten Urlaub mit alternativen Verkehrsmitteln,
- Projekte, die das Verständnis der Urlauber für die Natur und das Verhalten in der Natur fördern,
- Projekte, die auf eine umweltgerechte Gestaltung der touristischen Angebote abzielen,
- Projekte, die den Urlaubern ermöglichen, - soweit landestypisch - Brauchtum, Kunst, Kultur und historisches Handwerk kennenzulernen,
- Projekte zur Herausgabe von Wanderwege- bzw. Radwanderwegeplänen sowie entsprechende Beschilderungsmaßnahmen,
- Darstellungen mit Informationscharakter zur Förderung der Idee des „sanften Tourismus",
- Gutachten und Konzepte als Grundlage für die Umsetzung von Projekten des „sanften Tourismus". (Becker et al. 1996: 57f.)

1995 wurde das Fremdenverkehrskonzept erstmalig überarbeitet, im Jahr darauf legte die Landesregierung dann die neue „Tourismuskonzeption 1996" vor. Wieder wird eine intakte Natur, Umwelt und Landschaft als Kapital und Existenzgrundlage Schleswig-Holsteins bezeichnet. Dem „sanften Tourismus" kommt die Funktion einer umfassenden Entwicklungsstrategie in allen touristischen Bereichen zu. Im einzelnen beinhaltet die überarbeitete Strategie Schleswig-Holsteins folgende zentrale Aspekte:

> *Umweltverträglichkeit*
> Umweltbeeinträchtigungen und -zerstörungen infolge des Tourismus sollen soweit wie möglich vermieden werden. Ökologisch verträglichen Wirtschaftsformen soll in allen Wirtschaftsbereichen der Vorzug vor Material- und Landschaftsverbrauch gegeben werden.
>
> *Sozialverträglichkeit*
> Die touristische Entwicklung soll im Konsens mit der Bevölkerung und im Einklang mit ihren Lebensweisen vonstatten gehen. Die Bürgerinnen und Bürger Schleswig-Holsteins sollen direkt von der touristischen Entwicklung profitieren.
>
> *Landestypischer Tourismus*
> Sanfter Tourismus in Schleswig-Holstein soll landestypisch sein. Das Produkt „Urlaub in Schleswig-Holstein" setzt auf die besondere Lage des Landes zwischen den Meeren und das landes- bzw. regionaltypische Kulturangebot.
>
> *Gesellschaftliche Aspekte des Tourismus*
> Wenn auch wirtschaftliche Aspekte des Tourismus immer im Vordergrund stehen, so darf dessen gesellschaftspolitische Bedeutung nicht vernachlässigt werden. Urlaub als Erholung, Gesundheitsvorsorge oder aus pädagogischen Gründen hat deshalb eine wichtige soziale Funktion. (Alle Zitate: Landesregierung Schleswig-Holstein 1996)[44]

---

43 Vgl. die „Richtlinie über die Gewährung von Zuwendungen zur Förderung öffentlicher Fremdenverkehrseinrichtungen" im Amtsblatt für Schleswig-Holstein 1993, S. 596-599.

44 Weitere Informationen über die umwelt- und tourismuspolitische Entwicklung Schleswig-Holsteins sind folgenden Publikationen zu entnehmen: Landesregierung Schleswig-Holstein

Diese konzeptionellen Überlegungen wurden in erster Linie vom Ministerium für Wirtschaft, Technik und Verkehr erarbeitet, das bei ressortübergreifenden Fragen bis zum Ende der vergangenen Legislaturperiode die Federführung in tourismuspolitischen Fragen besaß. Mit der Neukonstituierung der Landesregierung und der Übernahme der Regierungsverantwortung durch eine Koalition von SPD und Grünen im Jahr 1996 wurde das gesamte Tourismusreferat vom Wirtschafts- in das Landwirtschaftsministerium verlagert. Das Landwirtschaftsministerium hat damit jetzt die interministerielle Federführung im Tourismus übernommen. Durch die Nennung des Tourismus im Titel des „Ministeriums für ländliche Räume, Landwirtschaft, Ernährung und Tourismus" hat der Fremdenverkehrssektor auch nach außen hin eine Aufwertung erfahren. Mit der Konstituierung der Referate 220 „Grundsätzliche Angelegenheiten der Tourismuspolitik, Tourismuskonzeption, Interministerieller Ausschuß Tourismus" und 221 „Förderung des Tourismusgewerbes (Grundsätze), Abwicklung der Modellprojekte 'Sanfter Tourismus', Aus- und Weiterbildung im Tourismus" im Landwirtschaftsministerium erhofft man sich synergetische Effekte mit positiver Wirkung auf die gesamtwirtschaftliche Entwicklung. Dabei wird z.B. an den Ausbau der Ferienart „Urlaub auf dem Bauernhof" oder an die Ausweitung der Direktvermarktung landwirtschaftlicher Erzeugnisse gedacht.

Neben dem Landwirtschaftsministerium ist der Tourismus auch im Umweltministerium institutionell verankert. Das dortige Referat 240 „Umwelt und Verkehr; UVP; Umwelt und Fremdenverkehr" hat jedoch keine eigenen tourismuspolitischen Kompetenzen. Es ist als Koordinierungsreferat konzipiert, das die tourismusrelevanten Themen im Umweltministerium bündeln und aufbereiten soll.

Für Fragen von grundsätzlicher Bedeutung, ressortübergreifende Themen oder tourismusrelevante Förderentscheidungen, die mehrere Ressorts betreffen, wurde außerdem ein interministerieller Ausschuß gegründet, der fünf- bis sechsmal im Jahr tagt. In dem Ausschuß stellt das Landwirtschaftsministerium seit der Neugliederung der Ressorts 1996 den Vorsitz.

Ferner existiert seit 1989 ein „Beirat für Tourismus" unter Leitung des parlamentarischen Vertreters des Wirtschaftsministers. Der Beirat wurde eingerichtet, um die enge Abstimmung mit Verbänden und Organisationen des Tourismus in Schleswig-Holstein zu gewährleisten und somit eine effiziente, den aktuellen Entwicklungen gerecht werdende Tourismuspolitik zu ermöglichen. Der Beirat war an der Erstellung der Tourismuskonzeption beteiligt. Er berät die Landesregierung und dient der Ideenfindung wie auch dem Informations- und Erfahrungsaustausch. Im Beirat sind Personen aus allen Bereichen des Fremdenverkehrs und aus den tourismuspolitisch relevanten Fachministerien versammelt. Ihm gehören auch Vertreter von Naturschutzverbänden an.

1993, Minister für Wirtschaft, Technik und Verkehr des Landes Schleswig-Holstein 1995a, Minister für Wirtschaft, Technik und Verkehr des Landes Schleswig-Holstein 1995b, Ministerium für ländliche Räume, Landwirtschaft, Ernährung und Tourismus des Landes Schleswig-Holstein 1996.

Die oben bereits angesprochene neue Tourismuskonzeption Schleswig-Holsteins setzt jetzt im Bereich der politischen Koordinierung des Tourismus neue Schwerpunkte. Erstens soll die Landesregierung prüfen, inwieweit eine bessere Koordinierung ihrer tourismuspolitischen Aktivitäten notwendig ist. Zweitens soll über die künftigen Schwerpunkte des „Beirates für Tourismus" diskutiert und seine Zusammensetzung überprüft werden. Drittens werden Zukunftswerkstätten als ein Beispiel für die Nutzung neuer Strategien und Konzepte genannt, mit deren Hilfe sich die Kooperation der tourismuspolitischen Akteure intensivieren ließe und Konflikte abzubauen wären.[45]

Die Schwerpunktsetzung auf den Bereich Umwelt setzt sich auch im Schleswig-Holsteinischen Fremdenverkehrsverband (FVV) fort. Dort gibt es eine spezielle Arbeitsgemeinschaft „Tourismus und Umwelt". Schon seit 1987 existiert das Aktionsprogramm „Natur und Urlaub in Schleswig-Holstein" beim FVV. Die Aktion wird in Kooperation mit Naturschutzverbänden und anderen Institutionen des Natur- und Umweltschutzes, wie z.B. den Naturfreunden und auf lokaler Ebene der Schutzstation Wattenmeer, durchgeführt. Der FVV hat seine gesamte Marketingstrategie auf dieses Programm abgestimmt, um so die Reisenden zu umweltbewußterem Verhalten zu animieren (Becker et alii 1996: 56f). Im Oktober 1996 wurde beim FVV eine vom Umweltministerium geförderte spezielle Beratungsstelle „Tourismus und Umwelt" eingerichtet. Der dort tätige Umweltberater hat insbesondere die Aufgabe, die Gemeinden Schleswig-Holsteins konzeptionell zu umweltrelevanten Aspekten des Tourismus zu beraten. Schwerpunkte der Arbeit sind:

- Moderation von Zukunftswerkstätten,
- landesweite Umsetzung touristischer Umweltbilanzen in den Kommunen,
- Umsetzung touristischer Verkehrsprojekte.

Auch was die Organisation des FVV angeht, will man in Schleswig-Holstein neue Wege beschreiten. Gegenwärtig sind erste Schritte in Richtung einer Umorganisation des schleswig-holsteinischen Verbandswesens im Gange. Dabei will man die Zersplitterung der touristischen Verbände beenden und zu einer Zentralisierung der Verbandsarbeit übergehen. Es wird angestrebt, die Aufgaben - wie z.B. die Imagewerbung - beim Landesfremdenverkehrsverband zu konzentrieren.

45 Eine Zukunftswerkstatt in Nordfriesland, an deren Arbeit rund 400 Personen direkt beteiligt waren, hat vor kurzem ein erstes touristisches Konzept vorgelegt (vgl. Landesregierung Schleswig-Holstein 1996).

2.1.5 Die Akteure auf kommunaler bzw. regionaler Ebene

Die Umsetzung tourismuspolitischer Maßnahmen obliegt keineswegs nur den Bundesländern. In noch umfangreicherem Maße sind daran die Kommunen und teils auch die Regionen (Regierungspräsidien, Landkreise etc.) beteiligt. Zwar geben der Bund und die Länder die tourismuspolitischen Rahmenbedingungen vor. Nach dem im föderalen Staatsaufbau der Bundesrepublik maßgeblichen Subsidiaritätsprinzip und der verfassungsmäßig garantierten Kommunalautonomie wird die touristische Entwicklung jedoch in großem Maße von den Entscheidungen in den Gemeindegremien und der Politik der örtlichen Fremdenverkehrsverbände bestimmt (Kern 1995: 38).

Das Ziel der kommunalen tourismuspolitischen Aktivitäten ist es dabei, die eigene Stadt bzw. Gemeinde als touristisches Ziel zu vermarkten, damit man ökonomisch vom Fremdenverkehr profitieren kann. Zu diesem Zweck ist man bestrebt, zum einen eine entsprechende Infrastruktur aufzubauen und zum anderen sich durch gezieltes Marketing gegen die Mitbewerber zu behaupten. Gerade die „Kirchturmspolitik", die bei solchen Aktivitäten der Kommunen häufig zu beobachten ist, führt jedoch zu Problemen, die nicht selten Umweltrelevanz besitzen. So werden parallel touristische Infrastrukturen aufgebaut, anstatt sich mit den Nachbargemeinden bzw. -städten abzustimmen und im Verbund die jeweils optimale Lösung zu suchen. Angesichts des Konkurrenzdenkens unter Nachbargemeinden, der Profilierungssucht lokaler Politiker, der Kompetenzverflechtungen zwischen einer Vielzahl lokaler Fremdenverkehrsverbände und der einseitigen kommunalpolitischen Ausrichtung an den Zielen eines schnellen wirtschaftlichen Erfolges sind die umweltbezogenen tourismuspolitischen Zielvorstellungen des Bundes und der Länder häufig nur ausgesprochen schwer umzusetzen (Kern 1995: 38 und 58).

Einen Ausweg aus dieser Situation bietet zum einen eine kommunale Tourismuspolitik, die auf langfristige Umweltverträglichkeit ausgerichtet ist und einen integrierten Ansatz verfolgt. Die erforderlichen Kenntnisse hierzu müssen allerdings teilweise erst aufgebaut werden. Auch dürften kleinere Kommunen nur selten über die Mittel verfügen, eine solche Tourismuspolitik eigenständig zu gestalten und umzusetzen. Zum anderen gibt es jedoch auch die Möglichkeit der regionalen Kooperation verschiedener Kommunen mit dem Ziel einer gemeinsamen umweltgerechten Tourismuspolitik. Für eine Reihe von infrastrukturellen Fragen, besonders im ländlichen Raum, ist diese zweite Variante die einzig praktikable Lösung. Sie ermöglicht zugleich auch die gemeinsame Nutzung der vorhandenen Expertise und der begrenzten Mittel.

Die an dieser Stelle ausgewählten lokal- bzw. regionalpolitischen Beispiele für eine umwelt- wie tourismuspolitisch sinnvolle Fremdenverkehrspolitik sollen diese Lösungsmöglichkeiten exemplarisch belegen. Sie zeigen, wie auch unterhalb der Landesebene der Konflikt zwischen „Umwelt und Tourismus" auf der regionalen bzw. kommunalen Ebene einer Lösung näher gebracht werden kann.

Beispiel 1: Die Stadt Heidelberg

Die Stadt Heidelberg[46] mit ihren 139.000 Einwohnern ist traditionell Ziel vieler Tagestouristen bzw. Kurzurlauber. 1996 wurden allein 3,5 Millionen Tagesgäste gezählt, 780.000 Übernachtungsgäste blieben durchschnittlich 1,6 Tage in der Stadt. Die 4.697 Betten der Stadt waren dadurch zu 46% ausgelastet. Heidelberg wurde für 1997 als „Bundeshauptstadt für Natur- und Umweltschutz" ausgezeichnet. Auch beim „Bundeswettbewerb Umweltfreundliche Fremdenverkehrsorte" hat Heidelberg einen der insgesamt 13 Bundespreise gewinnen können. Als bisher einzige deutsche Großstadt mit nennenswertem touristischen Profil hat die Stadt in den vergangenen Jahren in einem langwierigen und auch konfliktreichen kommunalen Abstimmungs- und Diskussionsprozeß zwischen den verschiedenen lokalen Interessengruppen einen „Stadtentwicklungsplan Heidelberg 2010" beschlossen. 1992 wurden in insgesamt zehn Podiumsveranstaltungen verschiedene Themen zur touristischen Entwicklung der Stadt debattiert. Ein eigenständiges Tourismusleitbild, das 1993 verabschiedet wurde, ist Bestandteil dieses Planes.[47] Das erklärte Ziel für die touristische Entwicklung Heidelbergs ist ein sozial- und umweltverträglicher Fremdenverkehr. Dabei wird insbesondere auf mehr „nahe" Gäste mit einer insgesamt längeren Aufenthaltsdauer abgezielt. Weitere Bestandteile des Heidelberger Stadtentwicklungsplanes, der übrigens die Einbindung von Netzwerkinitiativen wie auch von nachgeordneten Fachplanungen vorsieht, sind u.a.:

- Städtebauliches Konzept (Dichteplan),
- Flächennutzungsplan,
- Stadtteilrahmenpläne,
- Modell räumlicher Ordnung,
- Leitlinien der Wirtschaftsförderung,
- Fachkonzepte zum Umweltschutz,
- Verkehrsentwicklungsplan,
- Soziale Handlungs- und Infrastrukturkonzepte.

Zu dem Thema umweltgerechterer Tourismus in Heidelberg wurden verschiedene Handlungsbereiche identifiziert. Dazu zählen Verkehr, Energie, Wasser, Natur und Landschaft sowie regionale Produkte. Es wurde eine Bestandsaufnahme der aktuellen Daten, wie tourismusbedingter Wasserverbrauch oder aus dem Tourismus resultierendes Verkehrsaufkommen, durchgeführt. An diesen Zahlen setzen jetzt Maßnahmen zur Ökologisierung des Fremdenverkehrs an, z.B. das Projekt „Umweltfreundliches Gastgewerbe". Durch gezielte Einsparmaßnahmen läßt sich nach Darstellung des Amts für Stadtentwicklung und Statistik beispielsweise der Energieverbrauch im Gastgewerbe um bis zu 30% verringern.

46 Die Darstellung der Situation in Heidelberg basiert u.a. auf einem Vortrag von Bruno Schmaus im Rahmen der Ecotrans-Fachtagung „Nachhaltiger Tourismus" auf der Internationalen Tourismus-Börse (ITB) am 10. März 1997 in Berlin.

47 Vgl. Stadt Heidelberg (1993).

Wichtig für die Akzeptanz umweltfreundlicher Aktivitäten ist häufig auch der unmittelbare ökonomische Nutzen für die relevanten Akteure. Es war in Heidelberg wichtig, den Skeptikern zu zeigen, daß sich umweltorientiertes Handeln auch wirtschaftlich rechnet. Widerstände gegen die Umkehr Heidelbergs in Richtung umweltfreundlicherer Fremdenverkehrspolitik gab es beispielsweise in der Hotellerie, die Einbußen bei einer Abkehr vom Tagestourismus befürchtete. Diese Zweifel konnten jedoch ausgeräumt werden, weil sich zeigte, daß mit dem auch aus umweltpolitischen Gründen gewollten Übernachtungstourismus mehr Kaufkraft in der Stadt gebunden wird als durch die Tagesbesucher.

Beispiel 2: Biosphärenreservat Rhön[48]

Die Rhön liegt zu etwa gleichen Teilen in den Ländern Bayern, Hessen und Thüringen. Sie umfaßt 6 Landkreise mit knapp 90 Gemeinden. Auf einer Fläche von 165.500 ha wohnen ca. 120.000 Menschen. 1991 wurde die Rhön als Biosphärenreservat von der UNESCO anerkannt. Die UNESCO beabsichtigt mit dem Instrument des Biosphärenreservats ein weltweites Netz großräumiger Schutzgebiete einzurichten, um so die Wechselbeziehungen zwischen Mensch und Umwelt zu erforschen. Außerdem soll in den 340 geplanten Biosphärenreservaten die weitere Entwicklung der Kulturlandschaft modellartig aufgezeigt werden. Diese Projekte beziehen sich auf Rahmenbedingungen, die im UNESCO-Programm „Man and Biosphere“ (MAB) festgehalten wurden. In den Biosphärenreservaten soll gezeigt werden, daß der Mensch die Natur nutzen kann, ohne sie zu zerstören.

Hier setzte auch das Konzept eines umwelt- und sozialverträglichen Tourismus im Biosphärenreservat Rhön an. Ziel war die Entwicklung einer länderübergreifenden Tourismuskonzeption. Diese sollte ökonomisch rentabel, sozial- und umweltverträglich sein. Dem UNESCO-Konzept der Biosphärenreservate folgend, galt es, das touristische Entwicklungsmodell für die Rhön im Einklang von Natur und Mensch zu entwickeln. Dazu wurde zuerst ein Tourismuskonzept erarbeitet. Das Konzept möchte Vorteile für Gäste wie Gastgeber bieten und versteht den Fremdenverkehr nicht als isolierten Faktor. Vielmehr werden Landwirtschaft, Naturschutz, Handwerk und Gewerbe, Dienstleistungen, Kultur und die Regionalentwicklung eingebunden. Die Kulturlandschaft der Rhön kann nur in Kooperation z.B. mit den ansässigen Landwirten erhalten werden. Deren Existenz ist jedoch durch Entwicklungen wie die Konzentration der Nahrungsmittelindustrie bei Rückgang der agrarischen Subventionen für kleine Haupt- bzw. Nebenerwerbsbetriebe bedroht. Folglich ist ein Ansatz des touristischen Entwicklungskonzepts in der Region die direkte Vermarktung regionaler Agrarerzeugnisse in der einheimischen Gastronomie. Damit wird ein Beitrag dazu geleistet, die Landschaft auch als Kapital für den Tourismus zu erhalten.

---

48 Die Fallstudie zur Situation in der Rhön faßt die Informationen aus Popp (1995 und 1993) sowie Ecoletter (1995: 11) zusammen.

Basierend auf der Tourismuskonzeption, entwickelte man in der Rhön in enger Zusammenarbeit mit den betroffenen Menschen ein touristisches Leitbild. Das Hauptinstrument für die Umsetzung eines umweltgerechten Tourismuskonzepts war das „Offene Forum Tourismus" (OFT). Darin wurden alle am Tourismus Beteiligten, also Bürger, Unternehmer, Natur- und Umweltschützer sowie Verbände, aktiv in die Arbeit einbezogen. Inklusive der vier Arbeitsgruppen des OFT waren insgesamt ca. 80 Repräsentanten aus dem Naturschutz, der Industrie- und Handelskammer (IHK), dem Kreisbauernverband, der Volkshochschulen und des Tourismus an der Zieldefinition für die zukünftige Tourismusentwicklung in der Rhön unmittelbar beteiligt. Ein aus Vertretern der Wirtschaft, der Politik, der Kreise, des Regierungspräsidiums und der Staatsministerien gebildeter Projektbeirat hat die Arbeit begleitet. Das mit der Konzeption des Leitbildes beauftragte Beratungsinstitut hat den Prozeß moderiert und konkrete Implementierungshilfen gegeben. Die Arbeiten an der Leitbildentwicklung wurden Mitte 1996 nach anderthalbjähriger Arbeit abgeschlossen. Parallel wurde ein Maßnahmenkatalog entwickelt, der ca. 250 konkrete Umsetzungsmaßnahmen wie z.B. die Erstellung von Informationsmappen für die Bevölkerung oder die Schaffung von Beobachtungstürmen empfiehlt.

In der Rhön wurde damit erstmals der Versuch unternommen, ein solches OFT in einem großen Gebiet und unter Beteiligung vieler verschiedener Verwaltungsstrukturen zu realisieren. Erste umweltrelevante Ergebnisse sind dabei etwa im Bereich ÖPNV zu erkennen. So wird versucht, die Wochenendausflügler mit einem auf Handzeichen haltenden Bus rund um die Wasserkuppe zum Umsteigen auf den öffentlichen Nahverkehr zu bewegen. Auch was die Direktvermarktung regionaler landwirtschaftlicher Produkte an die heimische Gastronomie betrifft, sind Erfolge zu erkennen. Die Rhön ist damit auf dem Weg, beispielhaft die Möglichkeiten eines regionstypischen und umweltgerechten Tourismus aufzuzeigen.

2.1.6 Zwischenfazit

Die bisherige Darstellung der bundesdeutschen Akteure im Problemfeld „Umwelt und Tourismus" war schwerpunktmäßig darauf ausgerichtet, die relevanten Akteure auf der Bundesebene zu erfassen und ihre tourismus- wie umweltpolitischen Handlungen zu beschreiben. Ferner wurde exemplarisch auf Akteure in ausgewählten Bundesländern eingegangen. Die regionale bzw. kommunale Ebene wurde anhand zweier Beispiele thematisiert.

Festzustellen ist, daß in der Bundesrepublik eine große Anzahl tourismuspolitisch relevanter Akteure existiert. Auf der Bundesebene ist das Parlament, insbesondere der Ausschuß für Tourismus und Fremdenverkehr, sehr aktiv. Ferner findet man in fast allen Bundesministerien tourismusrelevante Handlungsbereiche, die allerdings nur wenig aufeinander abgestimmt werden. Auch für die touristische Verbandslandschaft ist die große Anzahl der Akteure charakteristisch. Zumindest auf Bundesebene hat die Tourismusbranche die bisherige Zersplitterung ihrer

Interessenvertretungen erkannt und mit der Gründung des BTW darauf geantwortet. Auf der Länder- und der kommunalen Ebene ist die tourismuspolitische Akteursvielfalt noch ausgeprägter als auf der Bundesebene. Ein regelrechtes „Akteurswirrwarr" und die Überlappung von touristischen Interessenbereichen prägen hier die politische Landschaft. Was die umweltpolitischen Aktivitäten der touristischen Akteure betrifft, ergibt sich ein uneinheitliches Bild. Generell läßt sich jedoch konstatieren, daß die wirtschaftspolitischen Interessen der touristischen Akteure des öffentlichen, des halbstaatlichen wie auch des privaten Sektors eindeutig dominant sind. Der ökonomische Imperativ determiniert nahezu alle Umweltmaßnahmen der tourismuspolitischen Akteure.

Innerhalb der großen Zahl tourismuspolitisch bedeutender Akteure sind nur wenige Akteure zu finden, die den Umweltaspekt des Tourismus besonders hervorheben. Auf der Bundesebene gibt es kaum einflußreiche NROs, die einen thematischen Schwerpunkt im Bereich „Umwelt und Tourismus" haben. Blickt man auf die Länder- bzw. die kommunale Ebene, dann werden die umweltpolitischen Akteure einflußreicher. Die Dominanz ökonomisch geleiteter Tourismuspolitik durchbrechen sie allerdings, trotz der geschilderten interessanten Entwicklungen in den Fallbeispielen, selten.

Die Aktivitäten im Problemfeld „Umwelt und Tourismus" in der Bundesrepublik Deutschland werden damit von Akteuren bestimmt, deren Schwergewicht auf dem wirtschaftlichen Potential des Fremdenverkehrs liegt.

2.2 Die internationalen und die europäischen Akteure

Im Anschluß an die auf der Konferenz der Vereinten Nationen zu Umwelt und Entwicklung (UNCED) 1992 in Rio beschlossene Agenda 21 und die ebenfalls in diesem Rahmen angenommenen Konventionen zum Klimaschutz und zum Erhalt der biologischen Vielfalt gewann das Thema „Umwelt und Tourismus" auch international an Bedeutung. Auf der 2. Vertragsstaatenkonferenz zur Biodiversitätskonvention in Jakarta (Indonesien) im November 1995 verpflichtete sich die deutsche Delegation unter Leitung von Bundesumweltministerin Merkel, dem Thema „Umwelt und Tourismus" im internationalen Kontext gerade von deutscher Seite größere Aufmerksamkeit zu widmen. Die Deutschen als internationale „Reiseweltmeister" sind in dieser Frage besonders gefordert, tragen sie doch in erheblichem Maße zur Umweltbelastung der touristischen Zielgebiete bei. Gerade die Erschließung bisher natürlicher Gebiete durch die Tourismusindustrie bedroht die Vielfalt der Arten und Lebensräume, die durch die Biodiversitätskonvention geschützt werden sollen.

Die World Conference on Sustainable Tourism (WCST) 1995 und die gemeinsam vom World Travel & Tourism Council (WTTC), der World Tourism Organization (WTO) und dem Earth Council vorgelegte „Agenda 21 for the Travel & Tourism Industry" markieren weitere Eckpunkte auf dem Weg zu einer international verstärkten Wahrnehmung von tourismusinduzierten Umweltproblemen.

Waren die bisher benannten internationalen Aktivitäten hinsichtlich einer weitergehenderen Einbeziehung des Umweltschutzes in die Tourismuspolitik noch eher unverbindlicher Natur und dienten sie vorwiegend einer ersten Annäherung an die Thematik, so werden gerade in jüngster Zeit weiterreichende Schritte getätigt. Beispielsweise trafen sich im Februar 1997 Regierungsvertreter aus dem asiatisch-pazifischen Raum im Rahmen der „Asia Pacific Minister Conference on Tourism and Environment" auf den Malediven. Auf dem von der WTO veranstalteten Treffen wurde beschlossen, daß dem Umweltschutz künftig eine größere Bedeutung bei der Planung und Umsetzung neuer Tourismusprojekte zukommen soll. 180 Delegierte, davon 27 Tourismusminister aus Staaten des asiatisch-pazifischen Raumes, verabschiedeten die sogenannte „Malé Declaration". Besondere Beachtung gebührt dieser Deklaration, weil erstmals auch von stark zentralistisch regierten Staaten der „Faktor Mensch", hier also insbesondere die häufig verarmten einheimischen Bereisten in der weniger entwickelten Welt, mit berücksichtigt wird (Teubner 1997; o.V. 1997).

Auch die Bundesrepublik Deutschland ist international auf dem Gebiet „Umwelt und Tourismus" aktiv. So wurde z.B. auf Initiative des Bundesumweltministeriums vom 6. bis 8. März 1997 in Berlin eine internationale Umweltministerkonferenz ausgerichtet, die sich dem Thema „Biodiversität und Tourismus" widmete. Neben wichtigen touristischen Zielregionen wie z.B. der Dominikanischen Republik waren u.a. auch die Europäische Kommission und UNEP sowie verschiedene nationale und internationale Verbände und Nicht-Regierungsorganisationen an der Ausarbeitung der sogenannten „Berliner Erklärung" beteiligt (vgl. Abschnitt 3.1.3).

Nicht nur auf der internationalen Ebene, sondern auch bei der Europäischen Union sind verstärkte Aktivitäten mit dem Ziel eines umweltfreundlicheren Tourismus zu beobachten. Es wird dabei zunehmend deutlich, daß die Bemühungen auf internationaler und europäischer Ebene in absehbarer Zeit unmittelbare Relevanz für die Situation des Tourismus in Deutschland entfalten werden, auch wenn die bundesdeutsche Tourismuspolitik bisher von den globalen tourismuspolitischen Entwicklungen nicht besonders stark betroffen war.

2.2.1 Die öffentlichen Akteure auf der internationalen Ebene

United Nations Environment Programme Industry and Environment (UNEP-IE)

Die UNEP verfügt über ein Tourismus-Programm, das sich die umweltgerechte Entwicklung in der weltweit größten Dienstleistungsbranche zum Ziel gesetzt hat. Der Aktionsschwerpunkt Tourismus als vergleichsweise neues Betätigungsfeld (Beginn 1991) liegt im direkten Verantwortungsbereich des Büros für Industrie und Umwelt (UNEP-IE) in Paris. Die UNEP will mit ihrem Tourismusprogramm Regierungen, die Tourismusbranche, Nicht-Regierungsorganisationen (NROs) und die Touristen selbst zu umweltverträglicheren Formen des Tourismus anregen. Deshalb unterstützt das UNEP-IE-Tourismus-Programm Entscheidungsträger in Regierungen und in der Tourismusbranche dabei, umweltgerechte Tourismuskonzepte zu entwickeln und umzusetzen. UNEP arbeitet mit anderen internationalen Organisationen, insbesondere der WTO, zusammen. UNEP-IE konzentriert sich vor allem auf die Informationsaufbereitung (Handbücher, Leitfäden) und die Verbreitung umwelt- und tourismusrelevanten Wissens (z.B. Workshops zu „best practice"-Erfahrungen). Die aktuellen Schwerpunkte der Arbeit des UNEP-IE-Tourismus-Programms befassen sich mit der umweltgerechten Organisation von Hotelbetrieben und mit Umweltgütezeichen („eco-labels") im Tourismus. Das Programm zu „Öko-Labeling" wird den Nutzen von Umweltgütesiegeln in den verschiedenen Sektoren des Tourismus analysieren. Um eine umfassende Informationsgrundlage zu erhalten, wird eine weltweit angelegte Untersuchung durchgeführt werden (EPS Environment Protection Services 1996: 102; United Nations Environment Programme Industrie and Environment o.J.).

Die Bundesregierung steht dem verstärkten Engagement des UNEP-IE zu umweltrelevanten Fragen des Tourismus positiv gegenüber. Mit der Organisation besteht, insbesondere was die Entwicklung von Umweltkriterienkatalogen und ökologischer „Codes of Conduct" angeht, ein reger Informationsaustausch.[49]

World Tourism Organization (WTO)[50]

Die 1975 gegründete, der UNO über ein Kooperationsabkommen verbundene World Tourism Organization (WTO) mit Sitz in Madrid ist die führende internationale Organisation im Tourismus. Ihr gehören 133 Staaten bzw. Gebiete sowie mehr als 300 assoziierte Mitglieder des privaten Tourismussektors an. Die Ziele der WTO sind die Förderung und Unterstützung der globalen Tourismusentwicklung und die Abstimmung tourismuspolitischer Fragen von weltweitem Interesse. Die WTO gibt als einzige Organisation jährlich weltweit vereinheitlichte Statistiken zur Entwicklung der Tourismusbranche heraus.[51] Ein weiterer Schwerpunkt der WTO-Arbeit ist die Entwicklung nachhaltiger Tourismusformen, wie er z.B. in der Publikation „Sustainable Tourism Development: Guide for Local Planners" zum Ausdruck kommt (World Tourism Organization 1993) und auch im Arbeitsprogramm der Organisation für 1996 und 1997 erwähnt wird. Außerdem unterstützt sie die Übertragung von Umweltschutzaspekten in praktische Maß-

---

49 Vgl. die Antwort der Bundesregierung auf die Kleinen Anfragen der Abgeordneten Halo Saibold, Gita Altmann (Aurich), Michaele Hustedt, weiterer Abgeordneter und der Fraktion Bündnis 90/Die Grünen - Drucksachen 13/6684, 13/6685, 13/6686 - „Internationaler Tourismus" (Teile 1 bis 3) (BT-Drs. 13/7321 vom 24.3.1997, S. 16).

50 Die World Tourism Organization und die World Trade Organization werden in den einschlägigen Publikationen beide meist mit WTO abgekürzt. Um Mißverständnisse zu vermeiden, wird im Rahmen dieser Studie mit WTO immer die World Tourism Organization bezeichnet, die World Trade Organization wird dagegen nicht mit der Kurzform WTO beschrieben.

51 Die Tourismusstatistiken der WTO stehen neuerdings auch online über die WTO-Internet-Homepage (www.world-tourism.org) zur Verfügung.

nahmen der Branche. Bereits 1979 richtete die Organisation einen Umweltausschuß ein. Seitdem verfolgt die WTO intensiv regierungsamtliche wie regierungsunabhängige Aktivitäten im Bereich „Umwelt und Tourismus". Sie veröffentlicht periodisch Berichte über „Umwelt und Tourismus" und startet eigene Forschungsinitiativen[52] (Bundesministerium für Wirtschaft 1994: 110f.; EPS Environment Protection Services 1996: 103).

Deutschland ist Vollmitglied in der WTO und entrichtet einen jährlichen finanziellen Beitrag von 300.000 DM. Turnusmäßig ist die Bundesrepublik von 1995 bis 1999 nicht mehr Mitglied im Umweltausschuß der WTO. Im Haushalts- und Finanzausschuß hat Deutschland von 1995 bis 1999 den Vorsitz inne. Die Bundesregierung sieht nach eigenen Angaben nur begrenzte Einflußmöglichkeiten auf die Arbeit der WTO, weil Deutschland nur ein Mitglied von gegenwärtig ca. 130 sei.[53] Auch der BTW strebt in Zukunft die Mitgliedschaft in der WTO an.

Als eine der herausragenden Tätigkeiten der WTO im Bereich der Förderung eines nachhaltigen Tourismus ist noch die Beteiligung an der Organisation der „World Conference on Sustainable Tourism" (WCST) im April 1995 in Lanzerote/Spanien zu nennen. Die Konferenz, die zudem von anderen internationalen Organisationen wie der UNEP, UNESCO und auch der Europäischen Kommission mitgetragen wurde, versammelte mehr als 800 Teilnehmer. Da die WCST keine Regierungskonferenz war, ist die beschlossene Vereinbarung, eine „Charta für einen nachhaltigen Tourismus", völkerrechtlich nicht verbindlich. Angesichts der breiten Unterstützung für die Konferenz fällt der Charta trotzdem eine Leitbildfunktion im Hinblick auf künftige Deklarationen zum Thema „Umwelt und Tourismus" (z.B. Berliner Deklaration vom März 1997) zu. Die Charta bekennt sich zu den Grundsätzen der Agenda 21. In einer Schlußresolution wurden die Staaten und Regionen aufgefordert, Aktionspläne für eine nachhaltige Tourismusentwicklung auf der Grundlage der beschlossenen Charta-Prinzipien zu entwerfen (EPS Environment Protection Services 1996: 103; Brendle und Müller 1996: 29f.).

Organisation für wirtschaftliche Zusammenarbeit und Entwicklung (OECD)

Weil die Touristen zu 70% aus den Mitgliedstaaten der OECD stammen, beschäftigt sich auch die OECD mit tourismuspolitischen Fragestellungen. So hat die OECD einen speziell für den Tourismus zuständigen Ausschuß eingerichtet. Das Gremium, das sich aus erfahrenen Politikern des Tourismussektors zusammensetzt, tagt einmal jährlich. Die Arbeit des Ausschusses konzentriert sich auf die Erstellung von Studien zur Entwicklung des Tourismus und die Aufbereitung statistischen Materials. Jedes Jahr veröffentlicht das Gremium einen Bericht über „Tourism Policy and International Tourism in OECD Countries". In

52 Vgl. World Tourism Organization (1992; 1994).

53 Vgl. die Antwort der Bundesregierung auf die Kleinen Anfragen der Abgeordneten Halo Saibold, Gita Altmann (Aurich), Michaele Hustedt, weiterer Abgeordneter und der Fraktion Bündnis 90/Die Grünen - Drucksachen 13/6684, 13/6685, 13/6686 - „Internationaler Tourismus (Teile 1 bis 3) (BT-Drs.13/7321 vom 24.3.1997, S. 16f.).

dem Bericht wird auf die Entwicklung der Tourismuspolitik in den einzelnen Mitgliedstaaten eingegangen, auch umweltrelevante Entwicklungen werden dabei berücksichtigt. Umweltpolitisch aktiv war der Ausschuß bei der Zusammenarbeit mit dem OECD-Umweltausschuß im Rahmen von Arbeiten zum integrierten Management von Küstenregionen (vgl. OECD 1996a; Bundesministerium für Wirtschaft 1994:110; Brendle und Müller 1996: 29).

Die Bemühungen der OECD um eine Integration von Umwelt- und Tourismuspolitik wurden schließlich auch auf einer OECD-Konferenz über künftige Herausforderungen in der Fremdenverkehrspolitik in Mexiko-Stadt im November 1996 wieder sichtbar. Im Rahmen der Konferenz beschäftigten sich die Teilnehmer mit der Frage nach der zukünftigen Rolle nationaler Fremdenverkehrsbehörden bei der Konzipierung einer effizienteren Tourismuspolitik. Ferner galt es zu ermitteln, welche Aktionen die OECD-Länder einleiten können, um den sich verändernden Herausforderungen des Tourismus im nächsten Jahrhundert gerecht zu werden. Die Konferenz betonte dabei insbesondere die strategische Bedeutung der Umwelt und forderte die für den Fremdenverkehr zuständigen Stellen auf, eine aktive Rolle bei der Gewährleistung einer nachhaltigen Entwicklung des Tourismus zu spielen. Die entscheidende Aufgabe bestehe darin, allgemein anerkannte Kriterien für das Konzept der nachhaltigen Entwicklung zu definieren. Nicht nur in diesem Zusammenhang wurde auf der Konferenz die Relevanz eines angemessenen analytischen und statistischen Instrumentariums betont.

Ein weiteres Schwerpunktthema der Konferenz wie auch der zukünftigen Arbeit der OECD ist die Frage nach der Rolle der für den Fremdenverkehr zuständigen staatlichen Stellen in einem sich wandelnden politischen Umfeld. Wegen der international zu beobachtenden Deregulierungstendenzen treten staatliche Interventionen zugunsten von Maßnahmen der Tourismusförderung weiter in den Hintergrund. Staatlichen Stellen wird nach Auffassung der OECD zukünftig eine meist koordinierende Funktion zukommen. Dementsprechend fordert die OECD ihre Mitgliedstaaten auf, den privaten Sektor zunehmend in die staatliche Entscheidungsfindung einzubeziehen und partnerschaftliche Kooperationsstrukturen aufzubauen, die sich mit den Fragen der Liberalisierung, der nachhaltigen Entwicklung oder des Verbraucherschutzes auseinandersetzen (vgl. OECD 1996b).

Derzeit bereitet die OECD auf der Grundlage eines Beschlusses der OECD-Umweltminister vom Februar 1996 einen Bericht über „Nachhaltigen Konsum und Produktion“ für die Regierungen der OECD-Staaten, die UN-Kommission für nachhaltige Entwicklung (CSD) und die UN-Sondergeneralversammlung vor. Darin wird ein Abschnitt über „Individuelles Reiseverhalten“ und Nachhaltigkeit enthalten sein.[54]

---

54 Vgl. die Antwort der Bundesregierung auf die Kleinen Anfragen der Abgeordneten Halo Saibold, Gita Altmann (Aurich), Michaele Hustedt, weiterer Abgeordneter und der Fraktion Bündnis 90/Die Grünen - Drucksachen 13/6684, 13/6685, 13/6686 - „Internationaler Tourismus“ (Teile 1 bis 3) (BT-Drs. 13/7321 vom 24.3.1997, S. 23).

World Trade Organization/General Agreement on Trade and Services

Touristische Dienstleistungen sind kommerziell handelbar und fallen deshalb unter die Bestimmungen des am 1. Januar 1995 in Kraft getretenen Allgemeinen Übereinkommens über den Handel mit Dienstleistungen (GATS). Die Mehrheit der an der GATT-Uruguay-Runde beteiligten mehr als 100 Staaten haben spezifische Liberalisierungsverpflichtungen für den Tourismussektor und seine Subsektoren (Hotels, Restaurants, Reisebüros und -veranstalter, Fremdenführer u.a.) übernommen. Das Ziel der GATS-Bestimmungen ist es, ausländischen Dienstleistungsanbietern vollen Zugang zu nationalen Märkten zu gewähren und sie wie inländische Anbieter zu behandeln. Nach Meinung der Bundesregierung stehen die Bestimmungen von GATS damit nicht im Widerspruch zu einer angestrebten nachhaltigen Tourismusentwicklung.[55]

Die World Trade Organization hat in der Folge der Uruguay-Runde einen eigenen „Ausschuß für Handel und Umwelt" eingerichtet. Darin kommt der Frage der Kompatibilität von Handelsmaßnahmen aufgrund multilateraler Umweltabkommen mit den existierenden Handelsregeln besondere Bedeutung zu. Das Arbeitsprogramm des Ausschusses schließt das Thema „Öko-Labeling" mit ein. Dieser Thematik schreibt auch die Bundesregierung besondere Bedeutung zu.[56]

2.2.2 Die privaten Akteure auf der internationalen Ebene

Internationale Wirtschafts- bzw. Fachverbände

Das *World Travel & Tourism Council (WTTC)* ist eine weltweite Vereinigung von führenden Managern transnationaler Unternehmen der Tourismusbranche. Deutsche Mitglieder sind Wolfgang Beeser (NUR Neckermann + Reisen), Manfred Busche (Messe Berlin GmbH), Johannes Ringel (Westdeutsche Landesbank) und Jürgen Weber (Lufthansa). Das WTTC gilt als weltweit einflußreichste und mächtigste Lobbyvereinigung der Tourismusindustrie (EPS Environment Protection Services 1996: 98; Vanselow 1997a: 110). Die Zielsetzungen der 1990 gegründeten Vereinigung lassen sich wie folgt umschreiben: Erstens sollen die Regierungen von der wirtschaftlichen Bedeutung des Tourismus insbesondere im Hinblick auf die Schaffung neuer Arbeitsplätze überzeugt werden. Zweitens sollen die existierenden Wachstumshemmnisse der Branche eliminiert und offene, vom Wettbewerb bestimmte Märkte geschaffen werden. Drittens richtet sich das Interesse des Councils auf die nachhaltige umweltgerechte Entwicklung des Tourismussektors. Gerade im umweltgerechten Wachstum der Tourismusbranche sieht das

---

55 Vgl. dazu auch World Tourism Organization (1995). Kritisch setzt sich die Studie von Jörg Seifert-Granzin und D. Samuel Jesupatham (o.J.) mit der Liberalisierung des Tourismussektors und den Implikationen für die Entwicklungsländer auseinander.

56 Vgl. die Antwort der Bundesregierung auf die Kleinen Anfragen der Abgeordneten Halo Saibold, Gita Altmann (Aurich), Michaele Hustedt, weiterer Abgeordneter und der Fraktion Bündnis 90/Die Grünen - Drucksachen 13/6684, 13/6685, 13/6686 - „Internationaler Tourismus" (Teile 1 bis 3) (BT-Drs. 13/7321 vom 24.3.1997, S. 20 ff.).

WTTC eine zentrale Aufgabe. Es hat darum Umweltleitlinien erarbeitet, die es Unternehmen und Regierungen zur Integration in ihre jeweiligen Zielkataloge empfiehlt. Außerdem wurde in Kooperation mit der WTO und dem Earth Council die „Agenda 21 for the Travel & Tourism Industry“ erarbeitet. Die Adaption der Rio-Erklärung übersetzt die Agenda 21 in ein Aktionsprogramm für die speziellen Belange der Tourismusindustrie. Darin werden Handlungsprogramme für Regierungen und die Industrie vorgeschlagen. Der Report enthält fest definierte Ziele und „best practice“-Beispiele.[57] Zusätzlich hat das WTTC das „Green Globe“-Programm initiiert. Das Programm richtet sich an Tourismusfirmen jeglicher Größe und zielt auf eine kostensparende und praxisorientierte Beratung der Klienten zu Fragen des umweltfreundlichen Managements ab (EPS Environment Protection Services 1996: 104f.; World Travel & Tourism Council et alii o.J.).

Neben dem WTTC gibt es eine Vielzahl weiterer internationaler Dachverbände der Tourismusindustrie. Für den Bereich „Umwelt und Tourismus“ von Relevanz sind die folgenden: Die *International Air Transport Association (IATA)* ist der Verband der eingetragenen Fluggesellschaften. Umweltpolitisches Ziel der IATA ist die Entwicklung und Förderung umweltverträglicher Praktiken für die Luftfahrtindustrie. Die *International Hotel Association (IHA)* ist ein internationales Forum für die Hotelindustrie. Die umweltpolitische Zielsetzung der IHA richtet sich auf die Förderung der Entwicklung von Umweltleitlinien für Hotels. Die IHA hat 1994 zusammen mit der *International Hotel Environment Initiative (IHEI)* und UNEP eine Dokumentation zum Thema Öko-Management im Hotel erarbeitet. Die IHEI fördert insbesondere die kontinuierliche Verbesserung der Umweltschutzaktivitäten der Hotelbranche. Die *International Federation of Tour Operators (IFTO)* fungiert als Interessenvertretung der Reiseveranstalter auf internationaler Ebene, deren Engagement sich vor allem auf die langfristige Qualitätsverbesserung touristischer Produkte richtet. Die umweltrelevanten Schwerpunkte der Arbeit von IFTO liegen in der Entwicklung freiwilliger Standards für die Praxis, wie z.B. Sicherheits- und Hygienestandards für Hotels und Reiseprogramme (EPS Environment Protection Services 1996: 106f.).

International tätige Nicht-Regierungsorganisationen

Nicht-Regierungsorganisationen (NRO) sind traditionell kritische Beobachter der globalen touristischen Entwicklung und der damit einhergehenden ökologischen wie sozialen Wirkungen. So fand beispielsweise schon 1980, und damit lange bevor sich die WTO des Themas annahm, in Manila die erste tourismuskritische Konferenz zum Thema Ferntourismus statt. Auch einige große Naturschutzorganisationen begannen, sich dem Thema „Umwelt und Tourismus“ zu widmen. Weltweit am aktivsten sind der *Worldwide Fund for Nature (WWF)* und die *International Union for Conservation of Nature and Natural Resources (IUCN)*.

57 Vgl. die Internetseite >www.wttc.org<.

Der WWF hat einen der umfassendsten umweltpolitischen Forderungskataloge an die Tourismusindustrie und andere tourismusrelevante Akteure erstellt. Das BfN faßt die darin enthaltenen zehn Prinzipien wie folgt zusammen (Bundesamt für Naturschutz 1997a: 67):[58]

- Nachhaltige Nutzung von Ressourcen,
- Reduktion von überhöhtem Konsum und Abfällen,
- Erhaltung der natürlichen, sozialen und kulturellen Vielfalt,
- umfassende Tourismusplanung unter Einschluß von UVPs,
- Unterstützung der lokalen Wirtschaft,
- Beteiligung der einheimischen Bevölkerung,
- übergreifende Zusammenarbeit zwischen allen relevanten Akteuren,
- Ausbildung des im Tourismus tätigen Personals,
- verantwortliche Vermarktung,
- Förderung der Forschung.

Auch mit seinem Arktis-Programm verfolgt der WWF wichtige tourismuspolitische Ziele (EPS Environment Protection Services 1996: 116).

Die IUCN, die 865 Mitglieder in 133 Staaten hat, ist seit langem ein international bedeutsamer Akteur im Bereich des Naturschutzes. Die meisten Mitglieder sind private oder öffentliche Organisationen, die im Bereich des internationalen Natur- und Umweltschutzes aktiv sind. 65 der Mitglieder sind Staaten (Stichting Recreatie 1996: 25). Bereits 1980 legte die IUCN eine auf Veranlassung der UNEP erstellte „Weltnaturschutzstrategie" vor (IUCN 1980). Damit gab die IUCN einen entscheidenden Anstoß für die Biodiversitätskonvention zum Schutz der natürlichen Vielfalt von 1992. Die IUCN als internationale Naturschutzorganisation hat die Konvention in der Folge bis hin zur Erarbeitung eines vollständigen Vertragsentwurfs vorbereitet (vgl. Henne 1997). Im Bereich „Umwelt und Tourismus" war die IUCN bei der Erarbeitung der Berliner Erklärung zu „Biologischer Vielfalt und nachhaltigem Tourismus" im Rahmen der auf deutsche Initiative veranstalteten internationalen Umweltministerkonferenz über „Biodiversität und Tourismus" im März 1997 in Berlin beteiligt.

2.2.3 Die öffentlichen Akteure auf der europäischen Ebene

Europäische Union (EU)

Im Zuge des Vertrages von Maastricht wurde der Fremdenverkehr in Artikel 3 des EG-Vertrages als potentielles Tätigkeitsfeld der Gemeinschaft aufgenommen. Eine ausdrückliche Kompetenz, beispielsweise in Form eines Tourismuskapitels im Vertrag, besteht für die Europäische Union im Tourismus jedoch nicht. Von einer genau abgrenzbaren, juristisch definierten Tourismuspolitik der Europäischen

58 Vgl. auch WWF (1992).

Union kann also nicht gesprochen werden. Maßnahmen der Gemeinschaft im Bereich des Tourismus stützen sich vielmehr bisher auf Art. 235 EG-Vertrag. So wurde beispielsweise der Aktionsplan der EU zur Förderung des Tourismus von 1993 bis 1995 auf der Basis dieser Generalermächtigung vom Ministerrat (92/421 EWG vom 13.7.92) erlassen.

In der Schlußakte des Maastrichter Vertrages wurde festgelegt, daß die Frage eines eigenen Tourismuskapitels im Rahmen der Maastricht-II-Verhandlungen wieder aufgegriffen werden soll. Vor allem zur Vorbereitung für diese Diskussion, aber auch zur allgemeinen Festlegung der künftigen Strategie der gemeinschaftlichen Tourismuspolitik, wurde 1995 von der Kommission ein Grünbuch zum Tourismus erstellt. Darin werden verschiedene Optionen zur weiteren Entwicklung der Tourismuspolitik innerhalb der Europäischen Union aufgezeigt und der zusätzliche Nutzen von Gemeinschaftsaktivitäten im Tourismus diskutiert (Brendle und Müller 1996: 28).[59]

Im Rahmen der laufenden Diskussionen zeichnet sich jedoch ab, daß eine Kompetenzausweitung der Union mit Blick auf die Tourismuspolitik unter den Mitgliedstaaten durchaus umstritten ist. So steht z.B. die Bundesregierung einer speziellen Gemeinschaftskompetenz für den Tourismus vor allem mit dem Hinweis auf das Subsidiaritätsprinzip ablehnend gegenüber. Die starke Kritik an den bisherigen tourismuspolitischen Aktivitäten der Europäischen Kommission - sie werden nachfolgend noch geschildert - sowie die in der Tourismusabteilung der Kommission aufgetretenen Korruptionsvorfälle (Vanselow 1997a: 109) haben eine solche ablehnende Haltung in verschiedenen nördlichen Mitgliedstaaten der Union eher noch verstärkt. Die klassischen Urlaubsstaaten des europäischen Südens würden dagegen weitergehende Aktivitäten der Union in diesem Bereich begrüßen. Auch die EU-Kommission möchte der Tourismuspolitik, ähnlich wie der Umweltpolitik oder der Verbraucherschutzpolitik als Querschnittspolitiken, eine prominentere Rolle im EG-Vertrag geben (Bundesministerium für Wirtschaft 1994: 108; Institute for European Environmental Policy 1995: 20f.; Kommission der Europäischen Gemeinschaften 1995).[60]

Zusammenfassend betrachtet, befindet sich die Tourismuspolitik der Gemeinschaft momentan am Scheideweg. Von seiten der Mitgliedstaaten sind klare Zeichen dahingehend gesetzt worden, daß eine Fortentwicklung entsprechend den Vorstellungen der Kommission nicht akzeptiert wird. Gleichzeitig liegen allerdings auch noch keine Vorschläge auf dem Tisch, wie statt dessen verfahren werden kann. Die Vorstellungen der einzelnen Mitgliedstaaten variieren nicht unbeträchtlich. Es ist schwer vorherzusehen, wie der weitere Verlauf aussehen und welche Gewichtung die Tourismuspolitik in Zukunft auf europäischer Ebene haben wird. Entsprechend ist zur Zeit auch eine Prognose hinsichtlich zukünftiger Entwicklungen im Schnittfeld von „Umweltpolitik und Tourismuspolitik"

---

59 Vgl. KOM (96) 29 endg., S.10 und KOM (95) 97 endg., S. 24ff.

60 Im Rahmen der Regierungskonferenz in Amsterdam im Juni 1997 wurde keine Kompetenzausweitung der Europäischen Union für den Bereich Tourismus beschlossen. Damit gibt es auch in Zukunft keinen eigenen Tourismusartikel im EG-Vertrag.

schwierig. Denkbar ist sowohl ein verstärktes Engagement der Gemeinschaft in Hinblick auf eine effektivere Integration der beiden Bereiche, wie dies schon im Programm Philoxenia schwerpunktmäßig angestrebt war. Vorstellbar ist aber auch, daß diese Frage von der Union zukünftig wenig thematisiert wird.

Die politische Umbruchsituation reflektiert sich bis zu einem gewissen Grade auch auf institutioneller Ebene. Die Tourismuspolitik der *Europäischen Kommission* liegt insbesondere in den Händen der Generaldirektion XXIII (Unternehmenspolitik, Handel, Tourismus und Sozialwirtschaft) und daneben in gewichtigem Maße noch in den Generaldirektionen XVI (Regionalpolitik und Kohäsion) und XI (Umwelt, nukleare Sicherheit und Katastrophenschutz), wobei tourismusrelevante und häufig auch umweltrelevante Fragestellungen noch in zahlreichen weiteren Generaldirektionen behandelt werden.[61]

Die Funktion der für den Tourismus speziell zuständigen DG XXIII besteht darin, alle Initiativen und Maßnahmen, die den Tourismus betreffen, innerhalb und außerhalb der Kommission zu koordinieren (Hildebrandt 1997: 105). Gegenwärtig befindet sich nun gerade die DG XXIII in einer Phase der Neustrukturierung. Der seit Januar als Nachfolger des deutschen Konrad von Moltke berufene neue Generaldirektor der DG XXIII Michel Vanden Abeele will die rund 50 Mitarbeiter zählende Tourismusabteilung umorganisieren.[62] Er beschreibt die DG XXIII als Netzwerk-Direktion, die im Bedarfsfall die anderen Direktionen mobilisieren muß. Dabei sei es notwendig, den Kollegen in den anderen Direktionen die Situation im Tourismus zu erklären, wenn diese z.B. fiskalische, beschäftigungs- bzw. sozialpolitische Maßnahmen beschließen wollen. Gerade auf die Schaffung von Arbeitsplätzen im dienstleistungsdominierten Tourismusbereich will Vanden Abeele die Arbeit in der DG XXIII in Zukunft konzentrieren (Vanselow 1997b).

Weitere, gerade mit Blick auf die Schnittfläche „Umwelt und Tourismus" wichtige Veränderungen hat es auch in der Generaldirektion XI (Umwelt) gegeben. Dort wurde erst Anfang 1997 nach längerer Vakanz das Sachgebiet Tourismus wieder besetzt. Da es sich allerdings lediglich um eine Halbtagsstelle handelt, kann dort nur sehr wenig unmittelbar geleistet werden. Hierbei ist freilich zu berücksichtigen, daß sich zahlreiche Einheiten in der Generaldirektion XI mit tourismusrelevanten Fragen beschäftigen und die diesbezügliche Tätigkeit in den letzten Jahren hier eher noch zugenommen hat.

In der Generaldirektion XVI (Regionalpolitik und Kohäsion), die de facto die meisten tourismusrelevanten Fördermittel betreut, gibt es keine speziell auf den Tourismus ausgerichteten Unterabteilungen. Die Organisationsstruktur folgt hier

61 Die Gemeinschaft selbst nennt als tourismusrelevante Tätigkeitsfelder u.a.: Vollendung des Binnenmarktes, Wettbewerbspolitik, Unternehmenspolitik und Dienstleistungen, Verkehrspolitik, Wirtschaftlicher und sozialer Zusammenhalt, Agrarpolitik, Beschäftigung und Sozialpolitik, Allgemeine und berufliche Bildung, Jugend, Baudenkmäler und Kulturgüter, Forschungs- und Entwicklungspolitik, Außenbeziehungen und Entwicklungszusammenarbeit, Statistik. Vgl. detaillierter zu der Auflistung KOM (94) 74 endg.

62 Michel Vanden Abeele war bis Ende 1997 Generaldirektor der DG XXIII, sein Nachfolger ist Guy Crauser.

allein räumlichen Kriterien und den verschiedenen Förderprogrammen (Strukturfond, Kohäsionsfond etc.). In der Bundesrepublik werden die Mittel des Strukturfonds im Rahmen der nationalen Kofinanzierung vom Bund und den Ländern in der Regel über die Gemeinschaftsaufgabe (vgl. Abschnitt 4.4) zugeteilt (Bundesministerium für Wirtschaft 1994: 105). Ähnlich wie in der GD XVI gibt es auch in den anderen tourismusrelevanten Generaldirektionen keine Referate, die sich allein mit Tourismusfragen beschäftigen, obwohl diese Generaldirektionen, wie z.B. die GD VII (Verkehr), gerade auch mit Blick auf die Schnittfläche „Umwelt und Tourismus", zum Teil von erheblicher tourismuspolitischer Bedeutung sind.

Wendet man sich den bisherigen Aktivitäten der Europäischen Union im Bereich des Tourismus zu und hierbei wiederum zunächst den allgemeinen, also nicht umweltspezifischen, so ist vorrangig der erste Aktionsplan der Gemeinschaft zur Förderung des Tourismus für die Jahre 1993 bis 1995 zu nennen.[63] Dieser Plan wurde im Gefolge des „Europäischen Jahres für den Fremdenverkehr" (1990) beschlossen und empfahl die folgenden Gemeinschaftsaufgaben:[64]

- Intensivierung des horizontalen Ansatzes für den Tourismus in der Gemeinschaft und der nationalen Fremdenverkehrspolitiken,
- Durchführung spezifischer Maßnahmen,
- Koordinierung der von den übrigen Kommissionsdienststellen getroffenen Maßnahmen.

Die inzwischen abgeschlossene Evaluation des Aktionsplans hat gravierende Mängel zu Tage gefördert. Der von Price Waterhouse erstellte Bericht bewertet den Aktionsplan als Flickwerk verschiedener Initiativen, die insgesamt keinen Zusammenhang aufweisen.[65] Die harte Kritik an den Ergebnissen des Aktionsplans ist ein Grund dafür, daß das von der Kommission geplante Mehrjahresprogramm „Philoxenia"[66] zur Förderung des europäischen Tourismus in den Jahren 1997 bis 2000 nicht genehmigt wurde.[67] Philoxenia hätte nach dem Wunsch der verantwortlichen Generaldirektion XXIII zu einer stärkeren Integration von „Umwelt und Tourismus" führen sollen.[68]

Das Philoxenia-Programm war langfristig auf die Steigerung der Qualität und Wettbewerbsfähigkeit im europäischen Tourismus als Beitrag zu Wachstum und Beschäftigung ausgerichtet. Als mittelfristige Ziele wurden angestrebt:[69]

---

63 Vgl. KOM (91) 97 endg. und Beschluß des Rates (92/421/EWG).

64 Vgl. KOM (96) 166 endg., S. 2.

65 Vgl. KOM (96) 166 endg., S. 29.

66 Vgl. KOM (96) 168 endg. und KOM (96) 635 endg.

67 Vgl. das Interview mit Bundeswirtschaftsminister Günter Rexrodt in fvw, Nr. 5/97, S. 102. Ein anderer Grund ist die nach Ansicht der nördlichen EU-Mitgliedstaaten zu starke Konzentration des Programmes auf die Mittelmeerländer.

68 Die endgültige Ablehnung des Philoxenia-Programms erfolgte auf einer Tagung des EU-Ministerrates (Tourismus) im November 1997.

69 Vgl. KOM (96) 168 endg., S. 7 und KOM (96) 635 endg, S. 8.

- Verbesserung der Kenntnisse im Bereich des Tourismus,
- Verbesserung des rechtlichen und finanziellen Umfelds für den Tourismus,
- Verbesserung der Qualität im europäischen Tourismus (hier insbesondere Förderung eines sanften Tourismus),
- Steigerung der Zahl der Besucher aus Drittländern.

Schon vorher war die Generaldirektion XXIII im Schnittfeld von „Umwelt und Tourismus" tätig. So hat sie 1994/95 erstmals zusammen mit den Mitgliedstaaten den „Europäischen Preis für Tourismus und Umwelt" ausgeschrieben. Mit dem Preis sollten Regionen oder Orte für ihre vorbildlichen Leistungen bei der Planung, Entwicklung und im Management eines umweltverträglichen Tourismus geehrt werden. Ziel war es, der Fremdenverkehrsbranche stärker ins Bewußtsein zu rufen, daß eine langfristig tragfähige Entwicklung des Tourismus nur dann gewährleistet ist, wenn eine intakte Umwelt als dessen Grundlage erhalten bleibt. Der Preis ist als prestigeträchtige Auszeichnung für die Siegerregion gedacht. Die Auszeichnung sollte alle zwei Jahre auf der Grundlage eines offenen Wettbewerbs vergeben werden, der zunächst regional und national von den zuständigen Tourismusbehörden organisiert wird.[70] Nachdem das Philoxenia-Programm gestoppt wurde, steht auch der darin integrierte „Europäische Preis für Tourismus und Umwelt" zur Disposition. Voraussichtlich wird jedoch noch im Verlauf des Jahres 1997 eine weitere Wettbewerbsrunde gestartet werden können, weil Teile des Philoxenia-Programms mit bereits bewilligten Haushaltsmitteln von der Kommission trotzdem durchgeführt werden können.[71]

Auch wenn der Preis als solcher von den Mitgliedstaaten positiv gesehen wird, erfuhr diese Aktivität der Europäischen Union im Bereich von „Umwelt und Tourismus" auch erhebliche Kritik. Skeptiker des Preises verweisen auf die eventuelle Verzögerung notwendiger rechtlicher tourismus- und umweltpolitischer Regelungen auf EU-Ebene. „Optimisten" erwarten dagegen nähere Hinweise im Hinblick auf die Vergabekriterien für ein europäisches Umweltsiegel im Tourismus (Hamele 1996: 11).

Die letztendlich unzureichende Berücksichtigung von Umweltaspekten in der Arbeit der Generaldirektion XXIII spiegelt sich andernorts wider.

So hebt etwa das Grünbuch zum Tourismus die „Bedeutung des Tourismus für eine dauerhafte und umweltgerechte Entwicklung" hervor, während das Schwergewicht des Dokumentes dann doch auf der Betonung wirtschaftlicher Argumente liegt (Brendle und Müller 1996: 28). Ähnlich wurde im von der Generaldirektion XI lancierten 5. Umweltaktionsprogramm der EU „für eine dauerhafte und umweltgerechte Entwicklung" der Tourismus als eines von fünf zentralen Handlungsfeldern benannt. Der Bericht der Kommission über die Umsetzung des

---

70 Vgl. EPS Environment Protection Services (1996: 101f.) und KOM (96) 29 endg., S. 23.

71 Wie sich inzwischen herausgestellt hat, konnte die für 1997 geplante erneute Ausschreibung des Wettbewerbs wegen fehlender Mittel nicht erfolgen. Solange die Finanzierung nicht gesichert ist, bleibt fraglich, ob der Preis überhaupt wieder vergeben wird.

Programms aus dem Jahr 1995 zeigte aber, daß trotz der Plazierung des Themas „Umwelt und Tourismus“ an prominenter Stelle nur wenig Fortschritte bei der Integration von Umweltaspekten in tourismusrelevante Politikbereiche erzielt wurden.

Die Kommission zog daraus den Schluß, daß weiterer Handlungsbedarf bestehe und gab verschiedene Handlungsempfehlungen, die sich jedoch fast alle an die Ebene der Mitgliedstaaten richteten. Dagegen wurde wenig über zusätzliche Aktionen auf Gemeinschaftsebene gesagt und ansonsten auf die Empfehlungen im Grünbuch zum Tourismus verwiesen.[72]

Die wichtige Frage der Integration umweltpolitischer Aspekte in die tourismusrelevanten Aktivitäten der verschiedenen Generaldirektionen bleibt damit offen. Die Generaldirektion XI kann allein die fehlende Bereitschaft zum Umweltschutz in den anderen Generaldirektionen nicht überwinden. Ihre Aktivitäten im Bereich des Tourismus beschränken sich schon aus formalen Gründen auf die Förderung einzelner Umweltaspekte, während sie eine Reihe auch umweltpolitisch besonders wichtiger tourismuspolitischer Fragen, wie etwa die Liberalisierung des Luftverkehrs oder die Besteuerung von Flugbenzin, anderen weitaus größeren und einflußreicheren Generaldirektionen überlassen muß. Die wichtigsten tourismuspolitisch relevanten Aktivitäten der Generaldirektion XI waren bisher:

- Richtlinie über Badegewässer,[73]
- Integriertes Management der Küstengebiete,[74]
- Umweltverträglichkeitsprüfung,[75]
- Umweltzeichen (Öko-Audit-Verordnung),[76]
- Städtische Umwelt,[77]
- Flora-Fauna-Habitat-Richtlinie[78] und Vogelschutz-Richtlinie (Brendle und Müller 1996: 28).

Daneben ist die Generaldirektion XI noch über zahlreiche Einzelmaßnahmen im Bereich des Tourismus engagiert. Eine Übersicht über die für das Jahr 1997 vorgesehenen Aktivitäten liefert Abbildung 2.

---

72 Vgl. KOM (95) 624 endg., S. 59ff.

73 Vgl. KOM (94) 36 endg. und KOM (96) 29 endg., S. 91.

74 Vgl. das Informationsdokument der Dienste der Europäischen Kommission (DG Umwelt, nukleare Sicherheit und Katastrophenschutz, DG Fischerei, DG Regionalpolitik und Zusammenhalt) „Demonstrationsprogramm über das integrierte Management der Küstengebiete“, Februar 1996.

75 Vgl. KOM (96) 29 endg., S. 92.

76 Vgl. Verordnung (EWG) Nr. 880/92 des Rates vom 23.3.1992.

77 Vgl. KOM (96) 29 endg., S. 93.

78 Vgl. Entscheidung des Rates (92/43/EWG) vom 21.5.1992.

Abbildung 2: Tourismusrelevante Aktivitäten der Generaldirektion Umwelt

Einheit A 3: Information und Kommunikation
• Finanzierung von Informationsprojekten, die u.a. auch den Tourismus betreffen. • Herausgabe einer Publikation die sich unter anderem mit Tourismus und Freizeit befaßt.
Einheit A 4: Internationale Angelegenheiten, Handel und Umwelt
• Mitwirkung an tourismusbezogenen Aktivitäten der Kommission für Nachhaltige Entwicklung der Vereinten Nationen.
Einheit B 2: Verwaltung und Koordinierung der Finanzinstrumente im Umweltbereich, Umweltverträglichkeitsprüfung
• Mitwirkung an tourismusrelevanten Projekten aus den Förder programmen LIFE und LEADER. • Mitwirkung an der Modifikation der Richtlinie 85/337/EEC (Umweltverträglichkeitsprüfung). • Mitwirkung an durch Struktur- und Kohäsionsfonds finanzierten Projekten.
Einheit D 1: Gewässerschutz, Erhaltung der Böden, Landwirtschaft
• Erarbeitung von Änderungsvorschlägen bei mehreren wasserbezogenen Richtlinien, darunter auch diejenige zur Qualität von Badegewässern.
Einheit D 2: Naturschutz, Küstengebiete und Fremdenverkehr
• Finanzierung von Projekten durch das Förderprogramm LIFE. • Identifizierung von Gebieten, die Bestandteil des NATURA 2000-Netzwerks werden sollen und die damit auch touristische Zielgebiete werden können. • Demonstrationsprojekte in touristisch erschlossenen Küstenzonen, u.a. mit dem Ziel, die Bedingungen für eine nachhaltige Entwicklung zu ermitteln. • Koordinierung der Aktivitäten der DG XI im Bereich des Tourismus.
Einheit D 3: Luftqualität, städtisches Milieu, Lärm, Verkehr, Energie
• Fortsetzung des Projektes „Euro-Fahrrad“, in dessen Rahmen in den nächsten 10 bis 15 Jahren ein Netz von 12 Wegstrecken quer durch Europa aufgebaut werden soll. • Fortsetzung des Projektes „Netz der langsamen Wege“, durch das alte Schienenwege, Treidelpfade und andere kleine, ruhige Pfadstrecken zwischen den Mitgliedstaaten miteinander verbunden werden sollen, damit Wanderer und Fahrradfahrer sie nutzen können.

Einheit D 4: Globale Umweltfragen: Klimaveränderung, Geosphäre, Biosphäre
• Mitwirkung an der Ausarbeitung einer Kommissionsmitteilung zur gemeinsamen Strategie bezüglich der Biodiversität. • Unterstützung der Ministerkonferenz in Berlin im März 1997 zu Biodiversität und Tourismus.
Einheit E 1: Industrieanlagen und Emissionen
• Durchführung eines Pilotprojektes zum Öko-Audit. Bestandteil des Pilotprojektes sind: – Festlegung einer Arbeitsgruppe zur Anpassung des Öko-Audits an die Notwendigkeiten von Beherbergungsbetrieben. – Schulung in Umweltfragen. – Vorbereitung eines Handbuchs zur Anwendung des Öko-Audits in Hotelunternehmen. – Vorlegen eines Vorschlages zur Anpassung der bestehenden Regelungen.
Einheit E 4: Industrie; Binnenmarkt; Erzeugnisse und freiwillige Vereinbarungen
• Verfolgung der Aktivitäten des „Greek Eco-labelling Competent Body", der in Zusammenarbeit mit der entsprechenden französischen Organisation die Möglichkeiten der Festlegung eines Ökolabels für touristische Dienstleister untersucht.

Quelle: schriftliche und mündliche Auskünfte der Generaldirektion XI

Die Aufzählung der Aktivitäten der Europäischen Union im Bereich „Umwelt und Tourismus" wäre allerdings nicht vollzählig ohne Nennung der Aktivitäten der GD XVI, die über die Bereitstellung verschiedener Fördermittel direkte tourismuspolitische Relevanz auch für die Bundesrepublik besitzt. Die GD XVI ist für die Vergabe der Strukturfondsmittel der Europäischen Union verantwortlich. Die tourismusrelevanten Förderfonds der Union sind der Europäische Fonds für regionale Entwicklung (EFRE), der Europäische Sozialfonds (ESF) und der Europäische Ausrichtungs- und Garantiefonds für die Landwirtschaft (EAGFL-A) (vgl. dazu ausführlicher Abschnitt 4.4).

Weil Tourismus als Querschnittsbereich von nahezu allen Generaldirektionen tangiert wird, kann an dieser Stelle nur auf einige wichtige Arbeitsbereiche in der Kommission verwiesen werden, die in den Tourismus hinein reichen. So hat Tourismus in der GD I, insbesondere bei deren Osteuropa-Programmen, große Bedeutung. Daneben finanziert die DG VI (Landwirtschaft) die Leader-Programme, mit denen die touristische Entwicklung in ländlichen Räumen gefördert wird. Auch die GD VII (Verkehr) berührt entscheidend die Interessen der Tourismuswirtschaft (Vanselow 1997a: 109).

Das *Europäische Parlament (EP)* ist neben der Kommission der zweite wichtige EU-Akteur zu Fragen der Tourismus- und Umweltpolitik. Es unterstützt seit längerem die Idee einer gemeinsamen Tourismuspolitik der Union mit einer eigenen rechtlichen Grundlage im Vertrag. Dies unterstreichen auch die jüngsten Beschlüsse, in denen das Parlament zu den bisherigen und den geplanten zukünftigen Aktivitäten der Union im Bereich des Tourismus Stellung bezogen hat.[79]

Insbesondere der Ausschuß für Umweltfragen, Volksgesundheit und Verbraucherschutz (Umweltausschuß) des EP sieht im gemeinsamen Vorgehen der EU-Mitgliedstaaten eine Basis für die Integration des Umweltschutzes in die Tourismuspolitik. Der im wesentlichen zuständige Ausschuß ist jedoch der Ausschuß für Verkehr und Fremdenverkehr. Auch hier wird die Bedeutung eines umweltverträglichen Tourismus immer wieder hervorgehoben.[80] Im Zentrum der Betrachtung dieser Ausschüsse stehen allerdings vorwiegend wirtschaftspolitische Erwägungen.

Europarat

Der Europarat hat verschiedene gesamteuropäische Kolloquien zum Thema „Umwelt und Tourismus" veranstaltet. Die ständige Arbeitsgruppe „Umwelt und Tourismus" des Europarates konzentriert ihre Arbeit auf den Vergleich der generellen Entwicklung des Tourismus in den europäischen Staaten. In der Publikation „Tourism and Environment in European Countries" (1996) wird außerdem Land für Land auf die negativen Folgen der touristischen Entwicklung auf die Umwelt eingegangen, und es werden die Maßnahmen der Staaten beschrieben, die sich gegen die negativen Folgen des Tourismus wenden. Für die Bundesrepublik Deutschland war insbesondere das BMU an der Erstellung des deutschen Länderberichts beteiligt. Einen weiteren Schwerpunkt setzt die Arbeitsgruppe auf die Formulierung von Empfehlungen für einen nachhaltigen Tourismus in Schutzgebieten und Küstenregionen (EPS Environment Protection Services 1996: 101).

1994 hat der Europarat „Empfehlungen für eine allgemeine Politik für umweltverträgliche und umweltfreundliche Entwicklung" erarbeitet.[81] Darin werden u.a. folgende Grundsätze für einen umweltverträglichen Tourismus formuliert (Bundesamt für Naturschutz 1997a: 246):

- die Notwendigkeit von Umweltverträglichkeitsprüfungen für touristische Aktivitäten,
- die Verminderung touristischer Aktivitäten in sensitiven Gebieten,
- die Beachtung der Tragfähigkeit der Umwelt,

79 Vgl. Parodi (1996), Bennasar Tous (1996) und Harrison (1996).

80 Ebd.

81 Vgl. Council of Europe/Committee of Ministers Recommendation No. R (94) 7 vom 5. September 1994.

- das Gebot, mit dem Tourismus nicht zu weiteren Belastungen der Umwelt beizutragen, und
- die Verpflichtung zur Durchführung von Öko-Audits.

2.2.4 Die privaten Akteure auf der europäischen Ebene

Europäische Wirtschafts- bzw. Fachverbände

In Brüssel sind gegenwärtig ca. 40 Tourismus-Dachverbände[82] damit beschäftigt, die divergierenden Bereiche und Interessen ihrer Branche zu vertreten. Der eigentliche Dach-Dachverband des europäischen Tourismus, der 1981 auf Initiative der *ETC (European Travel Commission)* gegründet wurde, ist *die European Tourism Action Group (ETAG)*. Gegenwärtig sind 24 Verbände und Dachverbände ETAG-Mitglieder. Allerdings sind wichtige Verbände wie *Hotrec (The Confederation of the National Associations of Hotels, Restaurants, Cafés and Similar Establishments in the European Union and European Economic Area)* oder *ECTAA (Group of National Travel Agents' and Tour Operators' Association within the EU)* nicht in der ETAG vertreten. Damit repräsentiert ETAG de facto nur einen Teil des europäischen Tourismus. Eine kollektive Interessenvertretung gegenüber der Brüsseler Politik konnte sich bisher wegen der zu unterschiedlichen Interessen, die die ETAG vertreten muß, nicht entwickeln. Allerdings gelten die von der ETAG veranstalteten Konferenzen für die Lobbyisten in Brüssel nach wie vor als unverzichtbare Informationsbörsen.

Zukünftig ist außerdem davon auszugehen, daß auch die ETC, in der neben der DZT 25 weitere nationale Tourismusorganisationen aus Europa repräsentiert sind, verstärkten Einfluß auf die europäische Tourismuspolitik nehmen will. Zu diesem Zweck hat man den Sitz der ETC von Paris nach Brüssel verlagert. Aufgrund der bisherigen Probleme mit der Interessenvertretung durch die ETAG wurde im Oktober 1995 das *Network of European Private Entrepreneurs in the Tourism Sector (NET)* gegründet. Mit dieser Neugründung wird von der Hotrec, der ECTAA und dem Incoming-Veranstalter-Verband *ETOA (European Tour Operators Association)* ein durchsetzungsfähiger Dachverband der touristischen Unternehmen angestrebt. In Hotrec, der 33 europäische Hotelverbände vertritt, ist u.a. der DEHOGA organisiert. Auch die ECTAA ist mit mehr als 30 Mitgliedsverbänden, darunter dem DRV, einer der starken touristischen Verbände auf dem Brüsseler Parkett. Die ETOA ist im Unterschied zu Hotrec und ECTAA kein Dachverband. Sie vertritt die Interessen diverser Einzelmitglieder, insbesondere der Incoming-Veranstalter, aber auch die von Reisebüros, Hotels, Restaurants und Einzelhändlern (Vanselow 1997a).

---

82 Eine Liste der wichtigsten europäischen Tourismusverbände und der dortigen Ansprechpartner hat Vanselow (1997a: 108) zusammengestellt.

NROs mit europäischem Fokus

Die *Naturfreunde Internationale* sind eine international tätige NRO, die sich jedoch schwerpunktmäßig auf Europa konzentriert, wo 17 der 20 Mitgliedsverbände angesiedelt sind. Ansonsten sind die Naturfreunde Internationale nur in Mexiko, Israel und den USA (Kalifornien) vertreten. Die Naturfreunde Internationale haben weltweit ca. 600.000 Mitglieder. Einer der Hauptschwerpunkte ihrer Arbeit ist die Entwicklung eines integrativen, sanften Tourismus auf EU-Ebene. Im Europäischen Umweltbüro, einer Dachorganisation europäischer NROs aus dem Umweltbereich, sind die Naturfreunde Internationale damit beauftragt, das Thema „Umwelt und Tourismus" zu betreuen. Andere europäische NROs beschäftigen sich dagegen nur peripher mit umweltrelevanten Entwicklungen im Tourismus.

Die Arbeit der Naturfreunde Internationale wird wissenschaftlich durch das ebenfalls in Wien ansässige „Institut für integrativen Tourismus und Freizeitforschung" begleitet. Das Institut befaßt sich insbesondere mit der Frage, was „Nachhaltigkeit" für den Tourismus konkret bedeutet. Außerdem wurde mit Unterstützung der Europäischen Kommission (GD XI) deutschsprachiges Bildungsmaterial erarbeitet, das sich dem Thema „Umwelt und Tourismus" widmet.

In zweijährigem Abstand bestimmen die Naturfreunde Internationale eine sogenannte „Landschaft des Jahres". In einem sich über zwei Jahre erstreckenden Prozeß wird versucht, umweltfreundliche Regionalentwicklungen anzuregen und umzusetzen. 1993 bis 1994 war die Odermündung „Landschaft des Jahres", 1995 bis1996 war es die Alpenregion, vertreten durch zwei Modellregionen, und für 1997 bis 1998 ist die Maasregion in Frankreich, Belgien und den Niederlanden dazu bestimmt worden. Nach eigenen Aussagen werden die Naturfreunde Internationale sich in Zukunft verstärkt Ost- und Mitteleuropa zuwenden, weil dort, gerade was die touristische Entwicklung anbetrifft (etwa in den Gebirgsregionen), eine rasante Entwicklung zu beobachten ist.

2.2.5 Zwischenfazit

Die tourismus- wie umweltpolitisch relevanten Akteure auf der internationalen und europäischen Ebene sind nicht Hauptgegenstand dieser Untersuchung. Trotzdem zeigt die kurze Skizze, wie wichtig der Blick über den „deutschen Tellerrand", gerade was die Kombination von umwelt- und tourismusrelevanten Aspekten angeht, ist. International zeichnen sich Entwicklungen ab, die nicht ohne Wirkung für den Bereich „Umwelt und Tourismus" in Deutschland bleiben werden. Zum Teil sind deutsche Akteure wie das Umweltministerium im Rahmen der potentiellen Ergänzung der Biodiversitätskonvention um ein Tourismusprotokoll maßgeblich an Prozessen beteiligt, welche die Grundlagen der internationalen Tourismuswirtschaft eventuell entscheidend verändern können.

Auch international dominieren ökonomische Interessen die Handlungen der beschriebenen Akteure. Jedoch zeigt z.B. die programmatische Umsetzung der Agenda 21 für die Tourismusindustrie durch den WTTC, daß den Umweltaspekten des Tourismus international mehr Aufmerksamkeit geschenkt wird, als dies in der Bundesrepublik von seiten der touristischen Verbände, aber auch von seiten staatlicher Stellen bisher der Fall war.

In Europa besitzt die Europäische Union keine orginäre tourismuspolitische Kompetenz. Das hindert aber die EU-Kommission nicht daran, im Rahmen vieler Arbeitsbereiche, tourismuspolitisch relevante Entscheidungen zu treffen. Wie die Bundesministerien in Deutschland, verfolgen die meisten Generaldirektionen in Brüssel dabei aber vornehmlich ökonomische Ziele.

Unter der großen Zahl tourismuspolitisch bedeutender Akteure finden sich auch auf europäischer Ebene nur wenige, die den Umweltaspekt des Tourismus besonders hervorheben. Die Umweltgeneraldirektion der Kommission ist zwar in vielerlei Hinsicht aktiv, tourismuspolitische Bedeutung hat sie aber nicht. Außerdem fehlt in Europa - trotz des Engagements der Naturfreunde Internationale - genau wie auf Bundesebene die öffentlichkeitswirksame Interessenvertretung durch einflußreiche NROs fast völlig. Die großen Umweltschutzverbände haben die Relevanz der Beziehung zwischen „Umwelt und Tourismus" noch nicht erkannt.

Eine gezielte und kontinuierliche Beobachtung der Akteure im Problemfeld „Umwelt und Tourismus" auf der internationalen wie der europäischen Ebene fand aus deutscher Sicht bisher nur ansatzweise statt. Mit Blick auf die Globalisierungstendenzen im Tourismus und den ebenfalls zunehmend auch global getroffenen umweltpolitischen Entscheidungen scheint es dringend geboten, den Vorgängen im internationalen und europäischen Bereich mehr Aufmerksamkeit zu schenken.

3 Die Akteursbeziehungen im Tourismus

Nachdem die relevanten Akteure im vorhergehenden einzeln identifiziert wurden, soll in diesem Kapitel die Analyse ihrer Beziehungen zueinander erfolgen. Dabei wird auf die Art der politischen Abstimmung zwischen den Akteuren, ihre Interaktionsformen, Überlappungen der Kompetenzen und Zielkonflikte eingegangen. Dies wiederum erlaubt Aufschlüsse über grundsätzlich existierende Probleme und zeigt unter anderem, wo bisher keine angemessene institutionalisierte Form der Kommunikation gefunden wurde, obwohl diese wünschenswert wäre.

Die große Anzahl der Akteure macht eine differenzierte Betrachtung notwendig. Prinzipiell bestehen aufgrund der drei Bereiche Staat, Nicht-Regierungsorganisationen und Privatwirtschaft sowie der verschiedenen territorialen Ebenen (internationale Ebene, EU, Bund, Länder, Regionen und Kommunen) mehrere hundert mögliche Beziehungen. Hinzu kommen dann noch die möglichen Beziehungen innerhalb der einzelnen Gruppen (z.B. staatliche Akteure auf Länderebene untereinander oder interministerielle Beziehungen auf Bundesebene). Auch wenn die Zahl der tatsächlichen Beziehungen natürlich um einiges unter der Zahl der möglichen Beziehungen liegt, so dürfte aus diesen Ausführungen doch deutlich werden, daß im folgenden nur eine Auswahl der besonders relevanten Beziehungen Gegenstand der Untersuchung sein kann. Dabei werden zunächst einmal die Beziehungen der verschiedenen staatlichen Akteure sowohl in vertikaler Hinsicht (also etwa Bund-Länder) als auch in horizontaler Hinsicht (Länder-Länder oder interministerielle Beziehungen) dargestellt. Die Beziehungen der öffentlichen Akteure zu Tourismusverbänden und Nicht-Regierungsorganisationen, also das Verhältnis zwischen öffentlichem und privatem Sektor, kommen danach gesondert zur Sprache.

3.1 Beziehungen zwischen verschiedenen Ebenen

3.1.1 Die Beziehung zwischen Bund und Ländern

Die Kompetenzverteilung zwischen dem Bund und den Ländern in der Tourismuspolitik ist durch die Art. 30 und 70ff. des Grundgesetzes geregelt. Nach Art. 30 wird den Ländern die Durchführung staatlicher Befugnisse übertragen, wenn das Grundgesetz keine andere Regelung bestimmt bzw. zuläßt. Tourismuspolitik wird im Grundgesetz als eigenständige politische Kompetenz für den Bund nicht genannt. Damit verfügen die Länder über die wesentlichen Kompetenzen in der Tourismuspolitik.[83]

Obwohl die Zuständigkeit im Tourismus grundsätzlich bei den Ländern liegt, heißt das keineswegs, daß der Bund in tourismuspolitischen Fragen nicht aktiv wäre. Weil Tourismus ein Politikfeld mit Querschnittscharakter ist, treffen nahezu

83 Vgl. hierzu und im folgenden Brendle und Müller (1996: 6ff.).

alle Bonner Ministerien Entscheidungen, die indirekte oder direkte Folgen für den Tourismus haben (vgl. Abschnitt 2.1.1). Für die im einzelnen betroffenen Politikbereiche wie Verkehrspolitik, Agrarpolitik, Strukturpolitik etc. gelten dabei unterschiedliche Kompetenzverhältnisse zwischen Bund und Ländern. Es stellt sich demnach jeweils die Frage, ob das politische Handeln des Bundes auf der Basis ausschließlicher, konkurrierender oder rahmengesetzgeberischer Aktivität stattfindet (vgl. Art. 71ff. GG; vgl. auch Kern 1995: 19f. und 28).

Von besonderer Bedeutung ist diese Frage im Bereich der Wirtschaftspolitik. Dort hat der Bund u.a. die Aufgabe, im Rahmen seiner wirtschaftspolitischen Kompetenz einheitliche Rahmenbedingungen für die ökonomische Entwicklung der Bundesrepublik zu schaffen. Der Tourismus muß wegen seiner großen wirtschaftlichen Bedeutung bis zu einem gewissen Grad vom Bund mit berücksichtigt werden. Das BMWi ist darum auf Bundesebene federführend in der Tourismuspolitik tätig. Angesichts der weiter zunehmenden volkswirtschaftlichen Relevanz des Tourismussektors, insbesondere seiner Beschäftigungswirkung und seiner strukturpolitisch begrüßenswerten Effekte, hat sich das BMWi im Laufe der Zeit immer stärker dem Tourismus zugewandt. Inzwischen wird das BMWi unmittelbar tourismuspolitisch aktiv, ohne eine originäre Kompetenz in diesem Bereich zu besitzen.

Der faktische Kompetenzgewinn des Bundes hat bisher zu keinem ernsthaften Widerspruch der Länder geführt. Solange die Tourismuspolitik des Bundes im wesentlichen in finanzieller Beteiligung in der einen oder anderen Form besteht, stehen die Länder dem wenig kritisch gegenüber. Hinzu kommt, daß gerade im Bereich der Fördermaßnahmen des Bundes die Rechtslage nicht eindeutig geklärt ist. Hier verweist die Bundesregierung auf das sogenannte Flurbereinigungsabkommen aus dem Jahr 1971, das dazu dienen sollte, hinsichtlich der ungeschriebenen Gesetzgebungskompetenzen klare Verhältnisse zwischen Bund und Ländern zu schaffen. Die praktische Anwendung und die Orientierung des Bundes an dem Entwurf ist jedoch zwiespältig: Während der Bund dem Abkommen zustimmte, blieb die Zustimmung der Länder aus.

Die ungeschriebene Zuständigkeit des Bundes kann sich ergeben, wenn die Kompetenz in „der Natur der Sache" begründet ist, d.h. eine Angelegenheit vom Bund und nur von diesem geregelt werden kann, oder wenn sich die Kompetenz „kraft Sachzusammenhangs" ergibt, also der Bund einer ihm zugewiesenen Aufgabe nur gerecht werden kann, wenn er gleichzeitig eine ihm nicht ausdrücklich zukommende Aufgabe wahrnimmt. Die gültige Rechtsmeinung besagt jedoch, daß eine ungeschriebene Bundeskompetenz nur in Ausnahmefällen zum Tragen kommen soll.

Damit sind die theoretischen, insbesondere aber die faktischen Zuständigkeiten für die tourismuspolitische Praxis nicht so eindeutig, wie dies der Blick in die Verfassung ausweist. Insgesamt ist die Situation in der bundesdeutschen Tourismuspolitik durch eine Überlagerung konkurrierender Einflußbereiche gekennzeichnet. Das schafft in der täglichen politischen Arbeit gerade auf Bundesebene Freiräume, in denen die Macht des Faktischen stärker wirkt als verfassungsrechtliche Bedenken. Will man Doppelarbeit und Ineffizienz in Zukunft vermeiden, dann zwingt diese Situation die Akteure bei Bund und Ländern aber zu kooperativem Verhalten.

Das wichtigste Koordinationsgremium zwischen dem Bund und den Ländern ist der *Bund-Länder-Ausschuß Tourismus*. Der Ausschuß dient als Informationsforum und zur Abstimmung wichtiger Maßnahmen zwischen den formal für den Tourismus zuständigen Ländern und dem Bund. Den Vorsitz hat der Referatsleiter „Tourismuspolitik" des BMWi. Hinzu kommen die jeweiligen Vertreter der Landeswirtschaftsministerien bzw. der Wirtschaftsbehörden oder -senate. Je nach Thematik können Vertreter anderer Fachressorts hinzugezogen werden. Da der Ausschuß auf der freiwilligen Kooperation von Bund und Ländern beruht, existiert keine schriftliche Erklärung über die Kompetenzen und Aufgaben des in der Regel zweimal jährlich zusammentretenden Ausschusses. Zuletzt hat sich der Ausschuß insbesondere mit der Errichtung der Deutschland Informations- und Reservierungsgesellschaft mbH (DIRG) und der Neugründung der Deutschland Tourismus Marketing GmbH (DTM) zum Jahresbeginn 1997 befaßt.

Neben dem Bund-Länder-Ausschuß zur Koordination aller tourismuspolitischen Fragen in Deutschland existiert ein *Bund-Länder-Ausschuß-Ost*, der eigenständig tagt und 1996 zweimal zusammentraf. Er kooperiert eng mit dem gesamtdeutschen Ausschuß und bringt seine Arbeit in diesen ein. Der Ausschuß dient dem regelmäßigen Austausch der Tourismusreferenten der neuen Bundesländer untereinander und dem Austausch mit dem BMWi. Hier werden die speziellen Probleme der ostdeutschen Bundesländer diskutiert. So steht dort z.B. die Kooperation der neuen Bundesländer im Marketing oder die Zusammenarbeit bei konkreten länderübergreifenden Projekten (z.B. Harzregion) auf der Tagesordnung. Gegenwärtig werden insbesondere die Probleme der neuen Bundesländer bei der Implementierung von tourismusrelevanten Fördermaßnahmen diskutiert.

Der tourismuspolitischen Kommunikation zwischen den Bundesländern und dem Bund dienen auch die Wirtschaftsminister- und Umweltministerkonferenzen, an denen jeweils neben den Landesministern auch der zuständige Bundesminister teilnimmt.[84] So hat die Wirtschaftsministerkonferenz der Länder z.B. 1995 auf Initiative Schleswig-Holsteins ein Eckpunktepapier „Tourismuspolitik in Deutschland" verabschiedet. Darin wurden die zunehmende Bedeutung des Tourismus hervorgehoben und Handlungsempfehlungen abgegeben. Unter anderem sprachen sich die Wirtschaftsminister für eine engere Kooperation von Bund, Ländern, Tourismusgemeinden und Tourismusorganisationen aus (Landesregierung Schleswig-Holstein 1996: 107).

Von diesen formalen Gremien abgesehen, findet eine intensive Abstimmung zwischen Bund und Ländern auf Referatsebene statt. Sie ist hier auf den jeweiligen Einzelfall bezogen. Und die tourismuspolitischen Kontakte konzentrieren sich auch hier wieder auf den Bereich der Wirtschaftspolitik, da auch in den

84 In Einzelfällen gilt dies auch für andere Ministerkonferenzen, wie etwa die Ministerkonferenz für Raumordnung (vgl. Brendle und Müller 1996: 12).

Bundesländern, wie eingangs schon geschildert, die Tourismuspolitik als der Wirtschaftspolitik zugehörig aufgefaßt wird. Zwischen dem Bundesministerium für Umwelt, Naturschutz und Reaktorsicherheit und den jeweiligen Länderumweltministerien bestehen demgegenüber keine besonders intensiven Beziehungen. Eine institutionalisierte Form der Zusammenarbeit existiert auf dieser Ebene nicht, auch die Beziehungen auf Arbeitsebenen sind eher sporadischer Natur. Eine kontinuierliche Zusammenarbeit wird allein dadurch erschwert, daß die meisten Landesumweltministerien über keine festen Ansprechpartner im Bereich Tourismus verfügen. Außerdem ist das entsprechende Referat im Bundesumweltministerium mit sehr viel weniger Personal ausgestattet als das Spiegelreferat im Bundeswirtschaftsministerium.

Am schwächsten ausgeprägt ist schließlich die Zusammenarbeit zwischen dem Bundestagsausschuß für Fremdenverkehr und Tourismus und den zuständigen Ausschüssen der Länderparlamente. Beziehungen bestehen hier nur rein informell.

Insgesamt ist festzuhalten, daß die Kooperation zwischen dem Bund und den Ländern im Bereich Tourismus hauptsächlich über das BMWi stattfindet, das seinerseits insbesondere mit den Wirtschaftsministerien der Länder in Kontakt steht. Während das BMWi gewissermaßen als Nabe des Rads über alle Informationen verfügt, die für seine Aktivitäten wichtig sind, kann dies von den anderen tourismuspolitischen Akteuren nicht mit Sicherheit gesagt werden. Die überwiegende Ausrichtung der Kommunikation auf wirtschaftspolitische Aspekte ist zur Beantwortung umweltpolitischer Probleme nicht förderlich. Die Tatsache, daß auch Querbeziehungen bestehen, die (eher unsystematisch) nicht über das Wirtschaftsministerium laufen, wirkt zwar etwas ausgleichend, bedingt aber auch, daß es in verschiedenen Bereichen an der notwendigen Gesamtkoordination mangelt.

3.1.2 Die Beziehung zwischen Bund (Ländern) und der EU

Das tourismuspolitische Verhältnis zwischen Bund und Europäischer Union ist derzeit gekennzeichnet von der grundsätzlichen Frage der Kompetenzverteilung. In der Bundesrepublik kommt hierbei der spezifische Aspekt des Föderalismus hinzu. Da der Tourismus in Deutschland nicht unwesentlich von den Entscheidungen der EU beeinflußt wird, ist eine effektive Vertretung deutscher Interessen in Brüssel wichtig. Die Wahrnehmung dieser Aufgabe durch den Bund - nach Art. 32 des Grundgesetzes hat die Bundesregierung die Aufgabe, die deutschen Interessen international zu vertreten - kann, was die Kompetenzverteilung angeht, zu weiteren Konflikten mit den Bundesländern führen. Einerseits ist der Bund der EU gegenüber der maßgebliche Akteur, andererseits will man von seiten der Länder jede Kompetenzverlagerung, sei es an den Bund, sei es an die EU, vermeiden. Gerade in bezug auf die EU bestehen allerdings auch zwischen den Ländern durchaus unterschiedliche Ansichten. Während die meisten Bundesländer zwar einer zusätzlichen Kompetenzübertragung an die EU in tourismuspolitischen Fragen grundsätzlich ablehnend gegenüberstehen, gibt es auch einzelne Länder, insbesondere die Stadtstaaten und Länder in grenznahen Regionen, die eine EU-Tourismuspolitik positiver bewerten (Hildebrandt 1997: 106).

Die unterschiedliche Interessenlage der einzelnen Bundesländer muß das BMWi bei seinen gegenwärtigen, bis zum Sommer abzuschließenden Arbeiten an einem Entwurf zu einer EU-Tourismuspolitik beachten. Spezielle deutsche Anliegen lassen sich nach Aussage von Tourismusexperten im BMWi insbesondere im zweiten Halbjahr 1998 und in der ersten Hälfte 1999 umsetzen, wenn erst Österreich und dann Deutschland die Präsidentschaft im Rat innehaben wird. Für die Bundesländer wird entscheidend sein, über die Koordination mit dem Bund die Aktivitäten der EU und die Aktivitäten des Bundes auf EU-Ebene genau zu verfolgen. Dadurch soll sichergestellt werden, daß die tourismuspolitischen Entwicklungen in der EU sich mit den Aktivitäten des Bundes ergänzen und die Bundesländer insgesamt in ihrer Tourismuspolitik unterstützt werden, ohne ihre Freiräume aufgeben zu müssen (vgl. dazu Kern 1995: 20; Hildebrandt 1997: 106; Landesregierung Schleswig-Holstein 1996: 106f.).

Auch die Bundesregierung hat sich wie die Länder bisher mit Nachdruck gegen eine spezielle Gemeinschaftskompetenz der Union im Tourismus ausgesprochen. Dies liegt zum einen an der Befürchtung, daß sich mit einer stärkeren gemeinschaftlichen Tourismuspolitik finanzielle Ansprüche der Mittelmeerstaaten verbinden könnten, zum anderen verweist man auf das Subsidiaritätsprinzip und die vorrangige Bedeutung der Regionen für den Tourismus.[85] Trotzdem befürwortet die Bundesregierung Gemeinschaftsaktionen in Bereichen, wo konzertiertes Handeln erforderlich erscheint. Zu diesen Bereichen zählt sie Maßnahmen zur Verfolgung der Binnenmarktziele, die Harmonisierung der Tourismusstatistik und die Zusammenarbeit im Bereich „Umwelt und Tourismus" (Bundesministerium für Wirtschaft 1994: 108f.).

Auf der Unionsebene setzen sich bisher sowohl das Europäische Parlament wie auch die Kommission für eine erweiterte Kompetenz der Gemeinschaft und damit auch für eine Ausdehnung des eigenen Verantwortungsbereichs in Sachen Tourismus ein. Die Interessen der 15 Mitgliedstaaten sind demgegenüber uneinheitlich. Während die vom Tourismus abhängigen Hauptreiseländer im Süden der EU-Kompetenz positiv gegenüberstehen, weil sie u.a. von den Förderprogrammen der EU profitieren würden, sehen die potentiellen Nettozahler keine Veranlassung,

85 So argumentiert die Bundesregierung in ihrem Bericht an den Bundestagsausschuß zum EU-Programm „Philoxenia", daß „wesentliche Teile des vorgeschlagenen Programmes nicht mit dem Subsidiaritätsprinzip vereinbar" seien. Speziell zum Thema „Umwelt und Tourismus" heißt es: „Die Förderung eines nachhaltigen Tourismus (...) kann durch die Mitgliedstaaten der EU in ausreichender Weise erfolgen und muß daher in erster Linie deren Angelegenheit bleiben. Nationale Programme zur Förderung eines nachhaltigen Tourismus werden den regionalen Besonderheiten innerhalb der Mitgliedstaaten eher gerecht, als ein europäisches Programm leisten kann" (Bundesministerium für Wirtschaft 1996a).

Gelder nach Brüssel zu überweisen, die ansonsten zur Förderung der heimischen Tourismusindustrie genutzt werden könnten.[86]

Für die Koordination der Interessen von EU und Mitgliedstaaten existiert kein institutionalisiertes Gremium auf Ministerebene. Einem solchen Gremium würde ein ständiger Tourismusrat der EU-Tourismus- bzw. Wirtschaftsminister nahekommen, zumal wenn an den Sitzungen des Rates Vertreter der Kommission beteiligt wären. Im Jahr 1994 fand z.B. eine informelle Ratssitzung der Umweltminister zum Thema „Umwelt und Tourismus“ in Griechenland statt. Damals erklärten die Umweltminister, daß der Tourismus ein Schwerpunktbereich auf dem Weg zu einer nachhaltigen Entwicklung sei. Außerdem wäre ein integrativer Ansatz notwendig, um umweltpolitische Anforderungen in touristischen Entwicklungsplänen gebührend zu berücksichtigen (Bundesamt für Naturschutz 1997a: 245). Die für die zweite Jahreshälfte 1996 von der irischen Präsidentschaft geplante Sitzung eines Rates der Tourismusminister wurde dagegen nicht zuletzt wegen der ablehnenden Haltung der Bundesrepublik abgesagt. Die Kritik betonte vor allem, daß das Programm fachlich nicht zufriedenstellend und eindeutig mittelmeerorientiert sei. Inwieweit es in Zukunft zu Ratstreffen auf Ministerebene kommen wird, ist offen. Zumindest während der niederländischen Präsidentschaft ist kein Tourismusrat geplant (Hildebrandt 1997: 106).[87]

Generell ist fraglich, ob aus umweltpolitischer Sicht ein Tourismusrat allein der Wirtschafts- bzw. Tourismusminister zu begrüßen ist. Solange auch in den Mitgliedstaaten der Tourismus fast ausschließlich unter ökonomischen Aspekten betrachtet wird und deshalb die Ressortzuständigkeit zumeist bei den Wirtschaftsministerien verbleibt, ist von einem europäischen Tourismusrat im Hinblick auf umweltpolitische Fragen wenig Fortschrittliches zu erwarten. Zuerst müßten auf der horizontalen Ebene in den Mitgliedstaaten die Umweltministerien stärker an touristischen Entscheidungen beteiligt werden.

Eine gewisse Unterstützung hinsichtlich der Koordination zwischen EU und den Mitgliedstaaten bietet immerhin der „Verwaltungsausschuß“ Tourismus. Der Ausschuß, der eingesetzt wurde, um die Durchführung des Aktionsplans 1993 bis 1995 zu unterstützen, setzt sich zusammen aus Vertretern der Tourismus- bzw. Wirtschaftsministerien der Mitgliedstaaten und einem Kommissionsvertreter, der auch den Vorsitz innehat. Im „Verwaltungsausschuß“ arbeiten auch Vertreter aus EWR-Ländern wie Island und Norwegen mit. Die 1995 der EU beigetretenen Staaten Österreich, Schweden und Finnland waren ebenfalls schon vor ihrem Beitritt an der Arbeit des Ausschusses beteiligt. Sie trugen schon damals zum Haushalt des Aktionsplanes bei, so daß sie sich aktiv an allen Initiativen beteiligen konnten.[88]

---

86 Vgl. zum Nord-Süd-Gegensatz im Tourismusbereich der EU KOM (95) 97 endg. vom 4.4.1995, S. 23 und Hildebrandt (1997: 105).

87 Ein Tourismusrat fand erst unter der luxemburgischen Präsidentschaft am 26.11.1997 statt. Vgl. Fußnote 68.

88 Vgl. KOM (96) 29 endg., S. 28 und Bundesministerium für Wirtschaft (1994: 107).

Obwohl die Kommission die Zusammenarbeit und Koordination mit den Mitgliedstaaten verbessern will,[89] fehlt bislang ein schlüssiger und systematischer Ansatz zur Bearbeitung tourismuspolitischer Themen.[90] Sollten die tourismuspolitischen Aktivitäten der EU im Bereich „Umwelt und Tourismus" (vgl. Abschnitt 2.2.3), wie dies in der Vergangenheit zu beobachten war, weiter an Bedeutung gewinnen, dann wird ein solcher konsistenter Ansatz seitens der EU von großer Bedeutung für die effektive Gestaltung der Beziehungen sein. Umgekehrt werden auch in der Bundesrepublik bei zunehmender politischer Aktivität der EU im Tourismusbereich gegebenenfalls institutionelle Anpassungen erforderlich werden, um einen Ausgleich zwischen dem internationalen Vertretungsanspruch des Bundes und seiner Nichtzuständigkeit in Tourismusfragen zu finden.

3.1.3 Die Beziehung zwischen Bund (Ländern) und der internationalen Ebene

Genau wie die EU gewinnt auch die internationale Ebene an Bedeutung für die Tourismuspolitik in der Bundesrepublik. Einhergehend mit der Globalisierung in der Tourismusindustrie, nimmt das Gewicht internationaler Organisationen wie UNEP, OECD oder WTO, aber auch von Vereinigungen aus der Privatwirtschaft wie vor allem des WTTC im Bereich „Umwelt und Tourismus" zu. Die deutsche Politik hat auf diesen Trend bisher eher zögerlich reagiert. Als besonderes Handicap für eine stärkere Beachtung der Entwicklungen im internationalen Bereich muß die geringe Personaldecke des Tourismusreferats im BMWi betrachtet werden. Der mit der Internationalisierung der Tourismuspolitik einhergehende höhere Arbeitsaufwand ist mit der gleichbleibend geringen Personalausstattung kaum zu leisten (Brendle und Müller 1996: 21). Das BMU ist in die tourismusbezogene Zusammenarbeit mit internationalen Organisationen nur selten eingeschaltet. Allerdings vertritt das BMU die Bundesrepublik bei internationalen Umwelt- und Naturschutzabkommen, die zunehmende Bedeutung für den Tourismus erhalten werden.[91] Im Rahmen der „Kommission für nachhaltige Entwicklung" ist man außerdem bemüht, dem Thema Tourismus mehr Gewicht zu verleihen. Ansonsten gibt es tourismusbezogene Kontakte z.B. zwischen dem BMU, dem BfN und UNEP, vor allem auf der Arbeitsebene.

Neben den internationalen Organisationen stehen den Akteuren zur Abstimmung ihrer Interessen und als Plattformen zur Bearbeitung des Themas „Umwelt und Tourismus" auch die Vereinbarungen und Konventionen zum Umweltschutz bzw. die damit einhergehenden internationalen Verhandlungs-

89 Vgl. KOM (96) 29 endg. S. 9.

90 Vgl. ebd., S. 7.

91 Vgl. die Antwort der Bundesregierung auf die Kleinen Anfragen der Abgeordneten Halo Saibold, Gita Altmann (Aurich), Michaele Hustedt, weiterer Abgeordneter und der Fraktion Bündnis 90/Die Grünen - Drucksachen 13/6684, 13/6685, 13/6686 - „Internationaler Tourismus" (Teile 1 bis 3) (BT-Drs. 13/7321 vom 24.3.1997), S. 22.

prozesse offen. Auswirkungen auf den Tourismus haben insbesondere die folgenden Abkommen:

- Ramsar-Konvention zum Schutz von Feuchtgebieten (1971),
- Übereinkommen zum Schutz des Welthandels und Weltnaturerbes (1972),
- Washingtoner Artenschutzabkommen (CITES, 1973),
- Protokoll zum Antarktisvertrag betreffend den Umweltschutz (1991),
- Konvention zum Schutz der Alpen (1991),[92]
- Biodiversitätskonvention (1992),
- Klimaschutzkonvention (1992),
- Konvention zum Schutz der Nordsee und des Nordostatlantik (1992),
- Agenda 21 (1992),[93]
- Ostsee-Konvention (1992).

Besondere Bedeutung kommt der 1992 beschlossenen Biodiversitätskonvention zu. Auf deutsche Initiative hin sind zuletzt erste Schritte im Hinblick auf die Ergänzung der Konvention um ein Tourismusprotokoll unternommen worden. Im Vorfeld der Internationalen Tourismus-Börse (ITB) im März 1997 konnte im Rahmen einer internationalen Umweltministerkonferenz zum Thema „Biodiversität und Tourismus“ die sogenannte „Berliner Deklaration“ verabschiedet werden. Auf Einladung des deutschen Umweltministeriums trafen sich Delegationen aus 18 Vertragsstaaten der Biodiversitätskonvention. Sie repräsentierten Länder, die wie die Bundesrepublik einen großen Anteil des globalen Tourismus induzieren und/oder wichtige Empfängerstaaten sind oder über eine besondere Artenvielfalt verfügen. Darüber hinaus waren internationale Organisationen wie die WTO und UNEP, Nicht-Regierungsorganisationen wie der Deutsche Naturschutzring (DNR) oder Tourismusverbände wie der Bundesverband der Deutschen Tourismuswirtschaft (BTW) an der Konferenz beteiligt. Die „Berliner Deklaration“ formuliert Prinzipien für einen nachhaltigen Tourismus. Als politische und damit völkerrechtlich nicht bindende Erklärung ist die Deklaration nach Aussage des Bundesumweltministeriums immerhin ein Baustein für eine noch zu schaffende völkerrechtlich verbindliche Vereinbarung zum nachhaltigen Tourismus.[94]

Die Unterzeichnerstaaten streben an, die Erklärung in die vorbereitenden Beratungen zur 1998 stattfindenden 4. Vertragsstaatenkonferenz der Biodiversitätskonvention in Bratislava einfließen zu lassen. Erklärtes Ziel der Unter-

---

92 Für die Aushandlung des Tourismus-Protokolls der Alpenkonvention hat das BMWi die Federführung, das BMU ist hingegen für die Protokolle zum Bodenschutz und zu Naturschutz und Landschaftspflege verantwortlich.

93 Nach eigenen Angaben ist die Bundesregierung bemüht, Tourismus zum Thema der UN-Sondergeneralversammlung 1997 zur Überprüfung der Umsetzung der Agenda 21 zu machen. Vgl. dazu die Antwort der Bundesregierung auf die Kleinen Anfragen der Abgeordneten Halo Saibold, Gita Altmann (Aurich), Michaele Hustedt, weiterer Abgeordneter und der Fraktion Bündnis 90/Die Grünen - Drucksachen 13/6684, 13/6685, 13/6686 - „Internationaler Tourismus“ (Teile 1 bis 3) (BT-Drs. 13/7321 vom 24.3.1997), S. 12.

94 Vgl. BMU-Pressemitteilung Nr. 8/97 vom 6. März 1997.

zeichnerstaaten ist es, ein international bindendes Zusatzprotokoll über umweltverträglichen Tourismus zur Konvention über biologische Vielfalt zu verabschieden.[95] Das Dokument könnte auch in die Vorbereitung der aus Anlaß des 5. Jahrestages der Rio-Konferenz geplanten Sondergeneralversammlung der Vereinten Nationen im Herbst 1997 einbezogen werden. Die Unterzeichnerstaaten der „Berliner Erklärung" empfehlen der Sondergeneralversammlung außerdem, das Thema „nachhaltiger Tourismus" in das Arbeitsprogramm der Commission for Sustainable Development (CSD) aufzunehmen, um den Zielen der Agenda 21 verstärkt Geltung zu verschaffen. Als Follow-up der Berliner Konferenz plant das deutsche Umweltministerium im Herbst 1997 einen internationalen Workshop, der sich gezielt mit den Möglichkeiten und Problemen des Ecolabeling im Bereich „Umwelt und Tourismus" beschäftigen soll.[96]

Neben den Beziehungen der Akteure im Rahmen internationaler Regime wie die Biodiversitätskonvention unterhält die Bundesrepublik zudem bilaterale Kontakte in tourismuspolitischen Angelegenheiten. Formalisierte Abkommen bestehen mit Indien, der Türkei und Portugal. Mit Japan werden 1997 erstmals bilaterale Konsultationen stattfinden. Zur Schweiz und Österreich bestehen informelle Kontakte mit Konsultationen auf der Arbeitsebene. Außerdem unterstützt die Bundesregierung diverse Maßnahmen zur Tourismusentwicklung in Mittel- und Osteuropa und in Dritte-Welt-Staaten (Brendle und Müller 1996: 30).[97]

Die zuletzt genannten Abkommen und Maßnahmen laufen über das Wirtschaftsministerium und besitzen, von wenigen Ausnahmen abgesehen, geringen Bezug zum Themenfeld „Umwelt und Tourismus". Über das Bundesumweltministerium läuft nur ein bilaterales Abkommen, das ausdrücklich den Tourismus mit einbezieht. Es handelt sich dabei um einen Vertrag mit der Republik Südafrika.

Insgesamt gesehen sind - mit Blick auf die Bundesrepublik - die Rückwirkungen der verschiedenen Aktivitäten im Rahmen internationaler Organisationen, internationaler Umweltregime und bilateraler Abkommen bislang noch gering. Allerdings ist davon auszugehen, daß sich dies in absehbarer Zeit ändern wird und internationale Entwicklungen dann durchaus Rückwirkungen entfalten werden. Da - wie im Bereich der Umweltregime - diese Aktivitäten zumeist über das Umweltministerium gesteuert werden, ergibt sich mittelfristig auch eine indirekte Stärkung der tourismuspolitischen Kompetenzen dieses Akteurs.

---

95 Die bundesdeutschen Bemühungen, dem Tourismus im Zusammenhang mit Fragen der Biodiversität auf internationaler Ebene stärkere Beachtung zukommen zu lassen, haben nur begrenzt Erfolg gehabt. Die 4. Vertragsstaatenkonferenz zur Biodiversitätskonvention, die vom 4. bis 15. Mai 1998 in Bratislava stattfand, hat die ihr vorliegenden Initiativen nur in geringem Umfang aufgegriffen.

96 Bundesumweltministerin Merkel bei der Pressekonferenz im Anschluß an die Verabschiedung der „Berliner Deklaration" am 8. März 1997 in Berlin. Der Workshop hat jedoch nicht stattgefunden.

97 Vgl. die Antwort der Bundesregierung auf die Kleinen Anfragen der Abgeordneten Halo Saibold, Gita Altmann (Aurich), Michaele Hustedt, weiterer Abgeordneter und der Fraktion Bündnis 90/Die Grünen - Drucksachen 13/6684, 13/6685, 13/6686 - „Internationaler Tourismus (Teile 1 bis 3) (Drucksache 13/7321 vom 24.3.97), S. 20.

3.2 Die horizontalen Beziehungen

3.2.1 Bundesebene

Tourismusrelevante Aufgaben werden in der Bundesrepublik ressortübergreifend wahrgenommen. Fast alle Ministerien treffen, wie bereits geschildert, tourismuspolitische Entscheidungen (vgl. Abschnitt 2.1.1). Nichtsdestoweniger wird die Tourismuspolitik traditionell als integraler Bestandteil der Wirtschaftspolitik des Bundes betrachtet. Die interministerielle Zusammenarbeit zur Koordinierung der unterschiedlichen Aktivitäten im Tourismusbereich wird demzufolge im wesentlichen vom BMWi gesteuert. Wie schon bei den vertikalen Beziehungen stehen auch bei der horizontalen Kooperation wirtschaftspolitische Fragen eindeutig im Vordergrund. Dies gilt um so mehr, als auf Bundesebene keine „interministerielle Arbeitsgruppe“ existiert, wie sie in einigen Bundesländern eingerichtet wurde. Die Abstimmung der Bundesministerien findet je nach Bedarf auf Referatsebene statt. Die Entscheidungsfindung zwischen den Ressorts wird von der Gemeinsamen Geschäftsordnung der Bundesministerien (GGO) bestimmt (Brendle und Müller 1996: 21).

Auf Bundesebene geschieht die interministerielle Koordination zum Thema „Umwelt und Tourismus“ hauptsächlich durch informelle Abstimmungsprozesse zwischen den betroffenen Ressorts. Diese direkte Koordination wird zumindest von den Vertretern des Umwelt- wie des Wirtschaftsministeriums als konfliktlos angesehen.

Die fallweise Koordination auf Arbeitsebene sichert einerseits ein hohes Maß an Flexibilität, sie ermöglicht andererseits aber auch, daß einzelne Ministerien relativ selbständig tourismusrelevante Entscheidungen treffen, die mit dem Vorgehen und den Zielvorstellungen anderer Ministerien nicht unbedingt in Einklang stehen.[98] Hier wirkt sich wiederum ungünstig aus, daß sich das Wirtschaftsministerium angesichts seiner geringen Personalstärke nur auf die von ihm als Kernaufgaben erachteten Fragestellungen konzentriert und eine aus umweltpolitischer Sicht wichtige Gesamtkoordination nicht immer gewährleisten kann.

3.2.2 Länderebene

Länderinterne Beziehungen

Für die Bundesländer sind generalisierbare Aussagen über interministerielle Koordinationsbeziehungen nur bedingt möglich. Die Bundesländer verfügen über verschiedene Ansätze, die horizontale Kommunikation und Koordination im

98 So hat z.B. das frühere BM für Forschung und Entwicklung einen Modellversuch unterstützt, in dem arbeitslose Lehrer zu Tourismus-Assistenten umgeschult wurden, während das BM für Arbeit und Soziales die Umschulung von ebenfalls arbeitslosen Reisebürofachkräften zu Ausbildern im technischen und sozialen Bereich finanziert hat (Kern 1995: 30).

Tourismus zu gewährleisten. In einigen Bundesländern wird die Kooperation zwischen den Ministerien durch sogenannte „interministerielle Ausschüsse“ angestrebt, die grundsätzlich unter Federführung der Wirtschaftsministerien tagen. Schleswig-Holstein bildet mit der Federführung des Landwirtschaftsministeriums bundesweit eine Ausnahme. Diese Ausschüsse befassen sich mit der Koordination aller tourismuspolitischen Fragen zwischen den betroffenen Fachressorts. Im Rahmen dieser horizontalen Abstimmung nehmen auch die verantwortlichen Stellen in den Umweltministerien der Länder an den Ausschußsitzungen teil.

Über die interministerielle Abstimmung hinaus haben sich in einigen Bundesländern Tourismusausschüsse der Landtage gebildet. In den meisten Bundesländern wird der Tourismus jedoch im Wirtschaftsausschuß mitbehandelt.

Insgesamt läßt sich für die Bundesländer festhalten, daß sich bei der Einbeziehung von Umweltaspekten in die Tourismuspolitik ähnlich wie auf der Bundesebene häufig das Problem eines stark wirtschaftspolitisch ausgerichteten Beziehungsgeflechtes stellt. Die Dominanz der Wirtschaftspolitik wird dadurch noch verstärkt, daß es in den Landesumweltministerien fast durchweg an speziell mit Tourismusfragen betrauten Sachbearbeitern oder gar Referaten fehlt.

Länderübergreifende Beziehungen

Über die schon angesprochenen Ministerkonferenzen mit Beteiligung der jeweiligen Landesminister und des zuständigen Bundesministers und über die ebenfalls schon erwähnten Bund-Länder-Ausschüsse hinaus gibt es im Bereich des Tourismus vor allem auch eine intensive Zusammenarbeit zwischen einzelnen Bundesländern. Diese bilaterale Kooperation der Länder erfolgt über Koordinationsforen und über informelle Kontakte auf Arbeitsebene. Beispielhaft seien hier wieder die Aktivitäten der Bundesländer Hessen, Sachsen-Anhalt und Schleswig-Holstein vorgestellt.

Hessen kooperiert in Tourismusfragen mit verschiedenen Nachbarländern. Dieser Austausch ist zwar nicht institutionalisiert, auf Referentenebene wird jedoch über die gemeinsamen Probleme der hessisch-thüringischen Mittelgebirgslandschaften diskutiert. Es gibt dabei Überlegungen, die Vermarktung dieser landschaftlich und damit in den Augen der Reisenden trotz der politischen Grenzen zusammengehörenden Region verstärkt länderübergreifend zu organisieren. Diese Bestrebungen betreffen auch die Lahnregion, wo Hessen mit Rheinland-Pfalz und Nordrhein-Westfalen kooperiert. Daneben arbeiten die Länder Bayern und Thüringen mit Hessen bei der Vermarktung der Rhönregion (vgl. Abschnitt 2.1.4). zusammen. Diese Entwicklung zur bilateralen Kooperation und zur gemeinsamen Vermarktung touristischer Zielregionen nimmt die Forderungen der Tourismusforschung auf, welche die generelle Umorientierung vom Einzelangebot zum umfassenden regionalen Tourismusprodukt empfiehlt, wobei die Tourismusregion insgesamt die touristische Dienstleistung zu erbringen habe (Steinecke 1996: 15).

Derartige Vorstellungen hat sich auch Sachsen-Anhalt zu eigen gemacht. Der Harz als länderübergreifendes touristisches Gebiet soll nach Auskunft des sächsisch-anhaltinischen Wirtschaftsministeriums in Zukunft von allen drei Anrainerstaaten Thüringen, Niedersachsen und Sachsen-Anhalt gemeinsam als touristisches Produkt vermarktet werden. Am Harz zeigen sich allerdings auch die Probleme einer solchen Zusammenarbeit. Weil Naturschutz Ländersache ist, treffen bei den Bestrebungen zur Gründung eines gemeinsamen „Naturparks" im Harz unterschiedliche Landesgesetze aufeinander.

In Sachsen-Anhalt verursachen die Bestrebungen zur länderübergreifenden Zusammenarbeit zudem Konflikte zwischen der Landesregierung und den Landräten. Die lokal Verantwortlichen wollen den Einfluß in ihren Regionen nicht verlieren. Hier findet man ein Beispiel für das von Tourismusexperten so häufig kritisierte lokale „Kirchturmdenken", das einer kooperativen Tourismuspolitik immer wieder im Wege steht.

Zwischen Schleswig-Holstein und den anderen norddeutschen Küstenländern Hamburg, Bremen, Niedersachsen und Mecklenburg-Vorpommern hat sich inzwischen eine engere Zusammenarbeit im touristischen Marketing ergeben. Die Nordstaaten streben an, diese Form der Kooperation auch auf andere Bereiche, wie die touristische Verkehrspolitik und die Umweltpolitik auszudehnen. Schleswig-Holstein, Niedersachsen und Hamburg arbeiten außerdem gemeinsam an einem regionalen Entwicklungskonzept für die Metropolenregion Hamburg (Landesregierung Schleswig-Holstein 1996: 107f.).

Die dargestellten Beispiele für bilaterale Kooperation müssen als besonders wichtig für das zukünftige Zusammenspiel von Tourismus und Umweltpolitik angesehen werden. Dies gilt nicht nur, weil sich diese Zusammenarbeit aus ökonomischen Gründen vermutlich verstärken wird und es dann wichtig ist, Umweltschutzinteressen in die neu geschaffenen Kooperationsgremien zu integrieren. Vielmehr zeigt gerade das Beispiel Schleswig-Holsteins, daß die verstärkte Zusammenarbeit hinsichtlich touristischer Zielregionen zum Ausgangspunkt werden kann für eine intensivere Kooperation in verschiedenen tourismus- und umweltrelevanten Fachpolitiken einschließlich der Umweltpolitik. Tourismuspolitik kann also als umweltpolitischer Motor genutzt werden.

Über die bilaterale Zusammenarbeit der Bundesländer hinaus ist speziell mit Blick auf das Schnittfeld „Umwelt und Tourismus" auch die Länderarbeitsgemeinschaft für Naturschutz, Landschaftspflege und Erholung (LANA) im Zusammenhang mit der horizontalen Koordination zwischen den Bundesländern zu erwähnen.

Die 1971 gegründete LANA setzt sich aus Vertretern der obersten Naturschutzbehörden der Länder (in der Regel Abteilungsleiter) zusammen und tagt unter Beteiligung des Bundesministeriums für Umwelt, Naturschutz und Reaktorsicherheit (BMU). Der Vorsitz liegt jeweils bei einem Bundesland, wobei alle vier Jahre ein Vorsitzwechsel in alphabetischer Reihenfolge der Länder stattfindet. Nach Schleswig-Holstein und Baden-Württemberg hat Bayern seit dem 1. Januar 1996 den Vorsitz der LANA übernommen.

Die LANA erstattet regelmäßige Berichte gegenüber der Umweltministerkonferenz (UMK). In der Regel finden jährlich zwei Vollsitzungen der LANA statt. Auf diesen Sitzungen werden grundsätzliche Fragen des Naturschutzes, der Landschaftspflege sowie der Erholung im Bund und in den Ländern erörtert.

Zur Vorbereitung, Betreuung und Abwicklung der anfallenden Aufgaben wurden folgende sieben Arbeitskreise eingerichtet, denen feste Aufgaben zugeordnet sind und die unterschiedlich häufig, je nach Aktualität der zu behandelnden Themen, tagen:

- Rechtsfragen des Naturschutzes,
- Grundlagen des Naturschutzes und Landschaftsnutzungen,
- Flächenschutz von Natur und Landschaft,
- Artenschutz,
- Landschaftsplanung und Erholungsvorsorge,
- Eingriffsregelung,
- Informationswesen, Landschaftsmonitoring.

Die LANA ist als Koordinationsinstanz der Landesnaturschutzbehörden auf die Arbeit auf der Fachebene fokussiert und damit kein politisches Gremium. Sie konzentriert ihre Arbeit eindeutig auf den Bereich Naturschutz. Tourismus- bzw. erholungsspezifische Fragen werden gegenwärtig nur am Rande thematisiert.

Der wichtigste tourismusrelevante Beitrag der LANA in der jüngsten Zeit stammt aus dem Jahr 1995. Die LANA hat damals in Ausformulierung der sogenannten „Lübecker Grundsätze des Naturschutzes (Grundsatzpapier)" (LANA 1992) und vorwiegend auf Druck der neuen Bundesländer hin ein Handlungskonzept zum Thema „Naturschutz und Erholung" (LANA 1995) erarbeitet und beschlossen. Die 44. Umweltministerkonferenz (UMK) hat das Konzept im selben Jahr gebilligt. Nicht zuletzt aufgrund der Tatsache, daß das Konzept auf dem Konsens aller Bundesländer beruhen mußte, ist es recht unverbindlich im Wortlaut; es ist auch nicht bindend. Mit Beschlüssen wie diesem versucht die LANA in erster Linie, zu einem möglichst einheitlichen Regelungsvollzug in allen Bundesländern beizutragen. Die Umsetzung der Beschlüsse ist dann allerdings wieder alleinige Ländersache und bisher von seiten der LANA nicht wieder thematisiert worden.

3.2.3 Europäische Ebene (EU)

Die kommissionsinterne Abstimmung zu Fragen des Tourismus, die auch in den Aufgabenbereich anderer Generaldirektionen fallen, wird von einer „interdirektionalen Gruppe" innerhalb der Kommission gewährleistet.[99] An den monatlich stattfindenden Sitzungen der Gruppe können prinzipiell alle Generaldirektionen teilnehmen, und die meisten machen von diesem Recht auch Gebrauch. Die Generaldirektion XI (Umwelt) ist durch ihre Mitarbeiterin für Tourismusfragen an den Treffen beteiligt.

99 Vgl. KOM (96) 29 endg., S. 29f. zu spezifischen Problemstellungen, mit denen sich die „interdirektionale Gruppe" beschäftigt hat.

Während diese Sitzungen in der Vergangenheit, wie auch die informelle Kooperation zwischen den Generaldirektionen, ein effektives Zusammenspiel nach Ansicht externer Beobachter der Kommission nicht immer garantieren konnten, ist angesichts der grundlegenden Umstrukturierung der Generaldirektion XXIII (Tourismus) und der neuen Situation in der Generaldirektion XI eine Prognose mit Blick auf die Zukunft kaum möglich. Zumindest für die Generaldirektion XI läßt sich jedoch festhalten, daß der knappe Personalstand, der kaum die Koordination der eigenen tourismusrelevanten Aktivitäten gestattet, eine intensive Absprache mit den anderen Generaldirektionen zu Fragen im Querschnittsbereich „Umwelt und Tourismus" nicht erlauben wird.

3.3 Die Beziehungen zwischen dem öffentlichen und dem privaten Sektor

3.3.1 Tourismusverbände und öffentlicher Sektor

Ein wesentliches Problem bei der Erfassung der relevanten politischen Strukturen im Tourismus ist die Heterogenität des Wirtschaftssektors und das damit verbundene breite Spektrum der privatwirtschaftlichen Akteure. Neben der auch in anderen Wirtschaftssektoren anzutreffenden Aufteilung in spezifische Produktgruppen (Studienreisen, Strandurlaub, Kuren etc.) und verschiedene Produktionsstufen (Transportleistungen, Beherbergung, Verpflegung etc.) kommt im Tourismus als zusätzliches Element die spezifische Trennung in Produktion im Inland und Produktion im Ausland hinzu. Während üblicherweise eine Konkurrenz zwischen Inlands- und Auslandsunternehmen besteht (und sich so auch politisch artikuliert), verkehrt sich diese Situation im Tourismus. Hier existiert teilweise ein Interessengegensatz zwischen Inlandsunternehmen, aber eine Interessenkongruenz mit ausländischen Unternehmen. Da der „outbound tourism" de facto wie ein Import von Leistungen wirkt (und umgekehrt der „inbound tourism" einem Export von Leistungen vergleichbar ist), sind Reiseveranstalter, die auf „outbound tourism" spezialisiert sind, in gewisser Weise ausländischen Importeuren in anderen Branchen gleichzusetzen. Sie haben demzufolge auch Interessen, die eher denen von Auslandsunternehmen entsprechen.

Dieser Gegensatz tritt in der Bundesrepublik besonders scharf hervor. Aufgrund der extrem hohen Zahl von Urlaubern, die ins Ausland fahren, besitzen Reiseveranstalter, die den „outbound tourism" fördern, wirtschaftlich ein sehr großes Gewicht. Während es in diesem Bereich einige Großunternehmen gibt, denen es leichter fällt, ihre Interessen zu koordinieren, sind die auf den „inbound tourism" spezialisierten Anbieter überwiegend mittelständisch strukturiert. Dies erschwert es ihnen, sich zu organisieren. Die hohe Zahl der bundesdeutschen Tourismusverbände ist folglich Ausdruck einer aufgrund der heterogenen Interessenlage schlecht organisierten und organisierbaren Branche.

Diese Tatsache war mit ein Grund dafür, daß die Tourismuswirtschaft im Vergleich zu anderen Branchen in den letzten Jahrzehnten in der Bundesrepublik politisch wenig Gewicht besessen hat. Dem geringeren Gewicht entsprechend konnten dann auch die Anliegen der Tourismuswirtschaft auf Bundesebene nicht so gut vertreten und durchgesetzt werden, wie dies aus Sicht der Branche wünschenswert gewesen wäre. Als Reaktion hierauf hat sich 1995 der Bundesverband der Deutschen Tourismuswirtschaft (BTW) als Zusammenschluß einer Reihe von Verbänden und Großunternehmen der Tourismusbranche gegründet.[100] Die bislang eher informellen Beziehungen zwischen Politik und Tourismuswirtschaft erhalten damit auch auf seiten der Wirtschaft einen klareren Fokus.

Die Bündelung der Kräfte hat inzwischen zu ersten sichtbaren Erfolgen geführt. So kann es durchaus als ein Zeichen für die politische Aufwertung des Tourismus-Sektors angesehen werden, daß die Internationale Tourismusbörse 1997 in Berlin vom Bundeskanzler persönlich eröffnet wurde. Auch die Intensivierung der Kontakte mit dem BMWi über verschiedene Gesprächsforen ist an dieser Stelle zu nennen. Während der schon seit 1977 existierende „Tourismusbeirat" beim BMWi an Gewicht verloren hat, sind mit dem 1996 gegründeten „Initiativkreis Tourismus" und dem im selben Jahr entstandenen „Branchendialog" nun zwei andere Foren in den Vordergrund gerückt.[101] Was allerdings die Behandlung umweltrelevanter Aspekte des Tourismus zwischen der Bundesregierung und der Privatwirtschaft betrifft, so ist diese Entwicklung nicht nur positiv zu bewerten. Der Beirat für Tourismus hatte 1992 mit seiner Arbeitsgruppe „Tourismus und Umwelt" nämlich auch ein Forum geschaffen, das die umweltrelevanten Aspekte des Tourismus zum Thema gemacht hat.[102] Vergleichbare Aktivitäten im Rahmen des „Branchendialogs" oder von seiten des „Initiativkreises" sind bisher nicht zu beobachten.

Eine weitere Intensivierung der Beziehungen zwischen öffentlichem und privatem Sektor auf der Bundesebene ergibt sich durch die Errichtung der Deutschen Tourismus Marketing GmbH (DTM), in der private wie öffentliche Kräfte kooperieren. Aber hier spiegelt sich auch die unscharfe Trennung zwischen privatwirtschaftlichem und öffentlichem Sektor wider, die charakteristisch für die Beziehungen ist. Ein großer Teil der Koordinationen erfolgt nämlich über solche Organisationen und Institutionen, die weder von der Aufgabenstellung noch von der Finanzierung her eindeutig dem privaten oder dem öffentlichen Bereich zugeordnet werden können und in denen die Verantwortlichen beider Bereiche

---

100 Die Bündelung der Interessen der Tourismusbranche in einem Bundesverband wird im übrigen auch durch die wirtschaftlichen Konzentrationstendenzen in der Branche unterstützt.

101 Vgl. auch den „Bericht über die Sitzung des Beirates für Tourismus/Fortsetzung des Branchendialoges mit der Tourismuswirtschaft am 22. Oktober 1996 in Berlin" (Ausschuß für Fremdenverkehr und Tourismus, Ausschuß-Drs. 254 vom 4.12.96).

102 1993 hat die Arbeitsgruppe einen Zwischenbericht zum Thema „Umwelt und Tourismus" vorgelegt (Beirat für Fragen des Tourismus beim Bundesministerium für Wirtschaft 1993).

unmittelbar aufeinandertreffen, ja teilweise in Personalunion Ämter ausgeübt werden.

Dieses auf der Bundesebene zu beobachtende Phänomen setzt sich noch wesentlich verstärkt auf der Ebene der Bundesländer fort, hier vor allem in Gestalt der zahlreichen Landes- und Regionalfremdenverkehrsverbände. Unterhalb des Deutschen Fremdenverkehrsverbands (DFV) folgt eine dichtgestaffelte Hierarchie von Vereinigungen bis hinunter zum einzelnen Fremdenverkehrsverband eines bestimmten Ortes. Nahezu in allen Bundesländern, unabhängig von im Detail unterschiedlichen Organisationsformen, sind in diesen Verbänden private und öffentliche Interessen nebeneinander vertreten. Dies findet meist schon in der Mitgliederzusammensetzung bzw. in der per Satzung festgelegten Zusammensetzung des jeweiligen Verbandsvorstandes seinen Ausdruck (vgl. Abbildung 3).

Abbildung 3: Satzung des Hessischen Fremdenverkehrsverbandes e.V. (Auszug)

§ 11 Vorstand

(1) Der Vorstand besteht aus höchstens 15 stimmberechtigten Mitgliedern. Dies sind:

a) der Erste Vorsitzende und zwei Stellvertreter,
b) 6 Beisitzer (aus Regionalverbänden, Landkreisen und kreisfreien Städten),
c) ein Mitglied auf Vorschlag des Verbandes Hessischer Heilbäder e.V.,
d) ein Mitglied auf Vorschlag des Hotel- und Gaststättenverbandes Hessen e.V.,
e) ein Mitglied auf Vorschlag der Arbeitsgemeinschaft der hessischen Industrie- und Handelskammern,
f) ein Geschäftsführer einer der hessischen regionalen Fremdenverkehrsverbände,
g) der Vorsitzende des Marketing-Ausschusses kraft Amtes,
h) der Geschäftsführer des Fremdenverkehrsverbandes kraft Amtes.

Quelle: Satzung des Hessischen Fremdenverkehrsverbandes e.V. vom 1.1.1992

Durch die große Zahl dieser öffentlich-privaten Mischorganisationen können die Interessen- und Konfliktlagen der Tourismuswirtschaft auf kommunaler, Kreis-, Bezirks- und Landesebene häufig in direktem Kontakt zwischen den Verantwortlichen bzw. Betroffenen geklärt werden. Umgekehrt verhindert die Vielzahl der Verbände mit ihrem jeweiligen Eigenleben jedoch eine politische Koordinierung auf höherer Ebene. Die Konsequenz ist eine Zersplitterung der Tourismuspolitik, wenn in einem touristischen Zielgebiet mehrere Fremdenverkehrsverbände gleichzeitig operieren. Eine gemeinsame, die gesamte Zielregion erfassende Planung unterbleibt so vielerorts.

Allgemein muß die hohe Zahl der miteinander verflochtenen Fremdenverkehrsverbände und die daraus resultierende Doppelarbeit, die Überschneidung von Aufgaben und der Leerlauf durch fehlerhafte Informationen und Mißverständnisse als eines der gravierendsten Probleme der deutschen Tourismuswirtschaft angesehen werden (vgl. auch Bleile 1996: 88).

Diese Feststellung hat direkte Rückwirkungen auf die Beziehung von Umweltpolitik und Tourismuspolitik. Angesichts schlechter Planungsvoraussetzungen im Bereich der Tourismuspolitik und der Uneinigkeit der Verbände dort, ist es schwer möglich, einen Ausgleich zwischen wirtschaftlichen und ökologischen Interessen herzustellen. In der Praxis führt die Vielzahl von Verbänden und Strukturen eher dazu, daß mehr touristische Einrichtungen gebaut werden, als eigentlich erforderlich sind, und daß eine Steuerung der Tourismusströme, wie sie für eine Verringerung der negativen Umweltauswirkungen notwendig wäre, unterbleibt.

Auf europäischer Ebene ist der „Beratende Ausschuß"[103] als Koordinationsgremium zwischen öffentlichem und privatem Sektor zu nennen. In ihm sollen die Kontakte zwischen Europäischer Kommission und den Tourismusverbänden gestärkt werden. Dem Ausschuß gehören 28 touristische Verbände an, die z.B. in die Entscheidungsfindung über gemeinsame Werbemaßnahmen in Drittländern einbezogen werden. Die Sitzungen dieses Ausschusses, wie auch die des Verwaltungsausschusses, der in Abschnitt 3.1.2 beschrieben wurde, sind nicht öffentlich. In der Regel tagt der Verwaltungsausschuß einen Tag vor dem „Beratenden Ausschuß". Im ganzen Jahr 1996 gab es jedoch nur eine Sitzung (Vanselow 1997a: 109). Die Zusammenarbeit mit der zuständigen Generaldirektion wird deshalb auch von Verbandsseite zum Teil sehr kritisch gesehen. Zwar würden die Meinungen der Verbände eingeholt, aber Fragen kaum beantwortet und Vorschläge wenig berücksichtigt. Andere Vertreter von touristischen Interessengruppen wie beispielsweise ETC und ETAC sehen im „Beratenden Ausschuß" zumindest eine Plattform für die Kommunikation unter Tourismusexperten. Angesichts der stattfindenden erheblichen Umstrukturierungen in der Generaldirektion XXIII kann über die Zukunft dieser Form der Zusammenarbeit keine klare Prognose abgegeben werden.[104]

Demgegenüber plant das Europäische Parlament derzeit keine Veränderungen in seinen Beziehungen zur Privatwirtschaft. Mit der „Tourism Group" hat es eine erste Adresse für den Informationsaustausch von Politik und Tourismus-

103 Vgl. Ratsbeschluß 86/664/EWG zur Einführung eines Verfahrens zur Konsultation und Zusammenarbeit im Bereich des Fremdenverkehrs vom 22.12.1986.

104 Der neue Generaldirektor der DG XXIII, Michel Vanden Abeele, vermißt in seiner Generaldirektion gegenwärtig den Kontakt zur „realen Welt". Er stellt dementsprechend die bisherigen Kontakte der DG XXIII zur Tourismusindustrie in Frage. Für die Zukunft will er ein funktionierendes Netzwerk zu Personen aufbauen, die selbst aktiv im Tourismusgeschäft tätig sind. Gegenüber den Verbänden und Lobbyisten zeigt er sich jedoch skeptisch. So fragt er beispielsweise, ob im „Beratenden Ausschuß" tatsächlich die Personen vertreten sind, die die Tourismusbranche repräsentieren. Eventuell seien die Kontaktpersonen der DG XXIII lediglich Experten im Umgang mit der Kommission (Vanselow 1997b: 18). Zum Wechsel der Generaldirektoren vgl. Fußnote 62.

Lobbyisten geschaffen. Die „Tourism Group“ (früher „Intergroup“) dient als Plattform für Tourismusexperten des Parlaments, der Kommission und verschiedener Verbände. Sie tagt viermal jährlich in Brüssel oder Straßburg und erstellt Berichte über aktuelle Themen der Reisebranche. Von Tourismusexperten wird die „Tourism Group“ als Informationsbörse in der europäischen Tourismusdebatte als nahezu unverzichtbar angesehen (Vanselow 1997a).

3.3.2 Umweltschutzverbände und öffentlicher Sektor

Im Vergleich zu den Beziehungen zwischen Tourismuswirtschaft und öffentlichen Institutionen läßt sich über die Beziehungen zwischen Umweltschutzverbänden und öffentlichen Institutionen in bezug auf das Thema „Umwelt und Tourismus“ nur relativ wenig sagen. Dies liegt daran, daß es nur wenige Umweltschutzverbände gibt, die sich mit dem Thema Tourismus überhaupt intensiv beschäftigen. Es liegt ferner daran, daß es auf Behördenseite häufig an Ansprechpartnern fehlt. Dabei stellt sich tendenziell die Situation so dar, daß die Umweltschutzverbände auf Bundesebene, wo sie im Tourismusreferat des Bundesumweltministeriums einen Gesprächspartner hätten, kaum Kompetenzen zum Thema entwickelt haben. Auf Länderebene, wo die Verbände aktiver sind, fehlt es dagegen an Ansprechpartnern in Behörden und Ministerien. Da die Landesumweltministerien aufgrund zumeist fehlender Referate für den Bereich Tourismus als Ansprechpartner der Umweltschutzverbände ausfallen, müssen diese praktisch immer den Kontakt zu den Landeswirtschaftsministerien suchen. Hier kann aber nicht an bestehende Beziehungen, wie sie zwischen den Umweltverbänden und den Landesumweltministerien in bezug auf andere Themen bestehen, angeknüpft werden.

Gleichwohl haben einzelne Bundesländer bemerkenswerte Schritte unternommen, die tourismuspolitische Diskussion mit allen gesellschaftlichen Kräften zu stärken. Über sogenannte Tourismusbeiräte wird dort auf breiter Basis versucht, mit allen tourismusrelevanten Akteuren eines Bundeslandes, also auch z.B. Nicht-Regierungsorganisationen und Fremdenverkehrsverbänden, zu gemeinsamen Konzepten in der Tourismuspolitik zu gelangen. Auf Bundesebene existiert der bereits erwähnte Tourismusbeirat, dem ein Vertreter eines Umweltschutzverbandes angehört. Wie allerdings schon angemerkt wurde, verliert dieser Beirat an Bedeutung gegenüber anderen Gesprächsforen (Initiativkreis Tourismus, Branchendialog), an denen keine Vertreter von Umweltschutzverbänden mehr beteiligt sind. Hier ist tendenziell eine Schwächung der Beziehungen erkennbar, zumindest mit Blick auf das Wirtschaftsministerium.

Auf europäischer Ebene hat man einen anderen Weg eingeschlagen, um die Beziehungen zwischen Nicht-Regierungsorganisationen und der EU zu stärken. Die Generaldirektion XXIII und die Generaldirektion XI haben damit begonnen, ein europaweites Netzwerk aufzubauen, in dem die wichtigsten Interessenvertreter von Umweltschutz und Fremdenverkehr vertreten sind. Das 1996 gestartete European Community Network for Environmental Travel & Tourism (ECoNETT) wird vom WTTC implementiert. Das Expertennetz soll zur Verbreiterung von Informationen und Leitlinien für die Tourismusindustrie, Behörden und anderer Akteure genutzt werden.[105] Aussagen über seine Effizienz wären an dieser Stelle noch verfrüht.

3.4 Zwischenfazit

Die Darstellung der formellen und - soweit möglich - informellen Akteurs beziehungen stand im Zentrum dieses Kapitels. Dabei erschien zuerst eine Unterscheidung in vertikale und horizontale Akteursbeziehungen sinnvoll. Daneben wurden die Beziehungen zwischen öffentlichem und privatem Sektor aufgrund ihrer herausragenden Bedeutung für die Frage der Ausgestaltung von Tourismuspolitik in der Bundesrepublik Deutschland gesondert thematisiert.

Der föderale Staatsaufbau der Bundesrepublik Deutschland determiniert die Kooperation und Kommunikation tourismusrelevanter politischer Fragen zwischen Bund, Ländern und Gemeinden und führt zu politischen Abstimmungsprozessen über mehrere Ebenen. Auch bei den Akteursbeziehungen stehen dabei fast ausschließlich die ökonomischen Aspekte des Tourismus im Vordergrund. Tourismuspolitik zwischen den verschiedenen Ebenen ist Wirtschaftspolitik. Umweltpolitisch relevante Akteure spielen bei den vertikalen Akteursbeziehungen nur eine marginale Rolle. Aktive Koordination zum Thema „Umwelt und Tourismus", z.B. zwischen den Umweltministerien der Länder und dem Bund, findet nicht statt. Erste fortschrittliche Ansätze zur integrierten Behandlung von umwelt- und tourismuspolitischen Fragen sind dagegen zwischen einzelnen Bundesländern auf horizontaler Ebene zu erkennen. Hier wird in verschiedenen Regionen versucht, länderübergreifende touristische Zielgebiete gemeinsam weiterzuentwickeln (z.B. Rhön).

Die Außenbeziehungen Deutschlands im Bereich „Umwelt und Tourismus" werden von Bundesseite trotz der tourismuspolitischen Federführung des BMWi nicht von einer öffentlichen Stelle zentral koordiniert. Umweltpolitik und Tourismuspolitik finden parallel, ohne nähere Abstimmung untereinander, statt. Hier besteht deshalb für das BMU in Zukunft die Möglichkeit, im Rahmen seiner Kompetenzen bei internationalen Umweltschutzverhandlungen mehr Einfluß auf die Tourismuspolitik auch in Deutschland zu erlangen. Die Aktivitäten im Vorfeld der nächsten Verhandlungen zur Biodiversitätskonvention (Berliner Umweltministerkonferenz; Internationaler Workshop) weisen darauf hin, daß diese Möglichkeiten auch genutzt werden sollen.

Ein weiterer Schwerpunkt dieses Abschnitts lag auf der Beziehung zwischen öffentlichen und privaten Akteuren im Bereich „Umwelt und Tourismus". Ein

105 Vgl. KOM (96) 29.endg., S. 23 und das Schreiben von Joaquín Díaz Pardo (Head of DG XXIII/C/3): Concerted action and community contribution to promote tourism („Tourism Unit"). Der Zugang zum ECoNETT ist über die Webseite des WTTC (>www.wttc.org<) möglich.

Charakteristikum dieser Akteursbeziehungen ist die über alle Ebenen zu beobachtende unscharfe Trennung zwischen beiden Sektoren. Interessenkonflikte z.B. durch Ämterhäufungen sind die Folge. Insgesamt steht die ökonomische Bedeutung des Tourismus im Mittelpunkt nahezu aller öffentlich-privaten Beziehungen. Mit der Gründung der DIRG und der DTM wird z.B. allein auf die wirtschaftlichen Probleme der deutschen Tourismusbranche reagiert. Nur auf der regionalen Ebene gewinnen Umweltakteure an Gewicht. Umweltpolitische Fragestellungen spielen in den gegenwärtigen Akteursbeziehungen insbesondere auf der Bundesebene dagegen nur eine untergeordnete Rolle. Die Schwäche der umweltpolitischen Akteure im Politikfeld „Umwelt und Tourismus" ist dafür sicher mitverantwortlich. Ein integriertes Politikfeld „Umwelt- und Tourismuspolitik" hat sich in Deutschland schon deshalb bisher nicht entwickeln können, weil der großen Zahl öffentlicher und privater touristischer Interessensvertretungen kein bedeutendes Gegengewicht von umweltpolitischer Seite entgegengesetzt wurde. Die Darstellung der Akteursbeziehungen zeigt, wie halbherzig das Thema Umwelt von touristischer Seite in Deutschland trotz aller anderslautenden Versicherungen behandelt wird. Umweltpolitik steht nirgendwo auch nur annähernd gleichberechtigt neben ökonomischen Interessen.

Das eigentliche Schwergewicht dieses Kapitels mußte darum zwangsläufig auf der tourismuspolitischen Seite der Akteursbeziehungen liegen. Insgesamt läßt sich feststellen, daß der wirtschaftliche Wettbewerb um die Reisenden alle Akteursbeziehungen im Tourismus prägt. Kooperation ist schwierig, weil sich sowohl Kommunen und Bundesländer als auch die EU-Mitgliedstaaten untereinander immer auch als Konkurrenten betrachten. Alle politischen Einheiten verhalten sich im Tourismusbereich annähernd wie privatwirtschaftliche Anbieter. Der Standortwettbewerb ist das hervorzuhebende Kennzeichen öffentlicher Tourismuspolitik. Notwendige Kooperation, die zur Verbesserung der Situation aller touristischen Akteure führen könnte, scheitert zumeist am „Kirchturmdenken" der Verantwortlichen auf allen politischen Ebenen.

Konkurrenz zwischen Regionen ist aber nicht von vornherein negativ. Ganz im Gegenteil, Konkurrenz zwischen touristischen Anbietern kann durch wechselseitige Stimulierung zu ökologischer Tourismuspolitik beitragen. Im Tourismus stimmen die politischen Grenzen der miteinander konkurrierenden Einheiten aber nicht mit den touristischen Grenzverläufen überein. Alle Akteursbeziehungen basieren auf den politischen Einflußbereichen, die den Erfordernissen der Urlaubsgebiete nicht gerecht werden können. Die Akteursbeziehungen im Tourismus sind das Ergebnis eines falschen organisatorischen Ansatzes, der Urlaubsregionen, anstatt sie zu integrieren, durch politische Grenzen zerschneidet. Die zerteilten, miteinander konkurrierenden Regionen stehen auch der Integration von Umweltschutzaspekten in die Tourismuspolitik im Wege. Dort, wo versucht wird, touristische Regionen über politische Grenzen hinweg zu entwickeln und eine Vielzahl relevanter, nicht nur touristischer Akteure zu beteiligen, können sich am ehesten gemeinsame gegen Partikularinteressen durchsetzen. In diesen Regionen sind trotz aller unausweichlichen Konflikte auch erste Ansätze zu einer stärkeren

Gewichtung umweltpolitischer Erfordernisse im Rahmen tourismuspolitischer Entscheidungsprozesse zu beobachten. Der so häufig betonte Querschnittscharakter tourismuspolitischer Maßnahmen kommt nur hier stärker zur Geltung.

4 Steuerungsinstrumente im Tourismus

Im folgenden werden alle wesentlichen Gruppen von Instrumenten diskutiert, die der Politik zur Beeinflussung des Zusammenspiels von Tourismus und Umwelt zur Verfügung stehen. Ausgenommen von der Darstellung bleiben allerdings diejenigen Einwirkungsmöglichkeiten des Staates, die dort gegeben sind, wo er selbst als Marktteilnehmer auftritt.[106] Weiterhin wird im folgenden davon abgesehen, die indirekte Nachfragesteuerung zu thematisieren, also die zahlreichen Möglichkeiten des Staates, im Rahmen fast aller seiner Fachpolitiken indirekt darauf Einfluß zu nehmen, ob und wie seine Bürger verreisen wollen.[107]

4.1 Konstitutive Instrumente

Unter den Oberbegriff „konstitutive Instrumente" fallen diejenigen Maßnahmen öffentlicher wie privater Akteure auf den verschiedenen politischen Ebenen, die auf die institutionelle Umorganisation in einem Politikfeld gerichtet sind. Die Errichtung der DIRG oder des DTM sind Beispiele dafür, wie neue Organisationsformen geschaffen werden, die den veränderten Rahmenbedingungen, die sich insbesondere aus der Globalisierung der touristischen Märkte ergeben, im Politikfeld Tourismus angepaßt sind. Unter vergleichbaren Vorzeichen stand die Gründung des BTW im Jahr 1995.

Von politischer Seite ist die Forderung zur Gründung eines „Deutschen Instituts für zukunftsfähigen Tourismus" (Brendle und Müller 1996: 57ff.) auch unter der Rubrik konstitutive Instrumente einzuordnen. Die Beurteilung konstitutiver Instrumente muß allerdings zweischneidig ausfallen. Weil einerseits häufig Partialinteressen für die Errichtung neuer Verbände oder Institute ausschlaggebend sind, können derartige Vorstöße leicht zu einer Überinstitutionalisierung des Tourismusbereichs führen und damit die Integration tourismus- wie umweltpolitischer Aspekte weiter erschweren. Andererseits bieten neue Organisationsformen die

106 Der Staat tritt auf dem Markt der touristischen Dienstleistungen sowohl als Anbieter als auch als Nachfrager auf. Als Anbieter fungiert er etwa bei der Erhaltung und Pflege von Naturschutzgebieten, Nationalparks, Biosphärenreservaten etc. Ebenso liegt der Schutz einer Reihe von Kulturgütern unmittelbar in seiner Verantwortung. Nicht dem staatlichen Sektor zugehörig, gleichwohl aber dem öffentlichen Bereich zuzurechnen sind darüber hinaus die umfangreichen Aktivitäten der Städte und Gemeinden. Besonders auffällig ist dies bei den Kurorten, die ihre Aktivitäten u.a. mit einer Kurtaxe finanzieren. Doch auch diejenigen Fremdenverkehrsorte, welche von dieser Möglichkeit keinen Gebrauch machen oder machen können, sind meist auf vielfache Weise (städtische Bühnen, Museen, Parks, Sportstätten, öffentliche Verkehrsmittel etc.) als Anbieter touristischer Leistungen aktiv. Als Nachfrager wird der Staat etwa dann aktiv, wenn staatliche Bedienstete Geschäftsreisen unternehmen oder wenn von staatlichen Stellen Reisen Dritter, etwa die Konferenzteilnahme von wissenschaftlichen Experten oder von Politikern, finanziert wird.

107 So hängt die Nachfrage nach Reisen etwa von Einkommen und Vermögen, Bildung, Wohnsituation etc. ab. Sie kann damit prinzipiell über die Steuer- und Wirtschafts-, die Bildungs-, die Baupolitik etc. beeinflußt werden.

Möglichkeit, überkommene Strukturen schleichend abzulösen und, was besonders im Tourismus notwendig erscheint, Kompetenzen zu konzentrieren. Schließlich läßt sich dringend benötigtes Know-how und Handlungskompetenz über die Errichtung neuer Institutionen zum Teil erst aufbauen („capacity building"). In diese Richtung ging zum Beispiel die Gründung des Instituts für Tourismus- und Bäderforschung (N.I.T.) in Schleswig-Holstein. Auch die Einrichtung „Runder Tische" zur Erarbeitung von touristischen Leitbildern wie in der Rhön oder die Etablierung von interministeriellen Arbeitsgruppen in den Bundesländern zeigt die verschiedenen Möglichkeiten, wie hier von Länder- bzw. regionaler Seite konstitutive Instrumente zum Einsatz kommen. Zum Teil ist gerade diese Vorgehensweise dazu geeignet, Konflikte zwischen Umwelt- und touristischen Interessen zu moderieren. So hat die langjährige Existenz der Arbeitsgemeinschaft „Natur und Umwelt" beim Schleswig-Holsteinischen Fremdenverkehrsverband dazu beigetragen, die bei der Entwicklung des Nationalparks Wattenmeer auftretenden Interessengegensätze zwischen Naturschützern und Tourismuswirtschaft abzumildern und die Kommunikation zwischen den Akteuren trotz der auftretenden Spannungen aufrecht zu erhalten. In diesem Sinne bilden konstitutive Instrumente den organisatorischen Rahmen für den Einsatz des klassischen politischen Instrumentariums, das im folgenden diskutiert wird.

4.2 Ordnungsrechtliche Instrumente/Gesetze

Mit den ordnungsrechtlichen Regelungen schaffen öffentliche Akteure (EU, Bund, Länder) den gesetzlichen Rahmen, in dem ökologische und wirtschaftliche Konflikte gelöst werden können. Mit Hilfe von Ge- bzw. Verboten greift der Gesetzgeber damit sehr weit in die Handlungsautonomie der betroffenen Akteure ein. Im Spannungsfeld zwischen „Umwelt und Tourismus" wirken sich gesetzliche Regelungen aus den verschiedensten Politikbereichen, wie z.B. Verkehrs-, Infrastruktur- oder Landwirtschaftspolitik, auf die Handlungsmöglichkeiten der tourismusrelevanten Akteure aus.[108] Was z.B. den für den Komplex „Umwelt und Tourismus" interessanten Küstenstreifenschutz betrifft, sieht zwar das Bundesrecht keinen generellen Schutz vor, auf Länderebene sind solche Regelungen jedoch getroffen worden. In Mecklenburg-Vorpommern wird ein 200m breiter Küstenstreifen geschützt, Schleswig-Holstein schützt dagegen laut Landschaftspflegegesetz von 1985 in §40 nur einen Streifen von 50m (Bundesamt für Naturschutz 1997a: 206).

---

108 Brendle und Müller (1996: 35) listen die folgenden Anwendungsbereiche ordnungsrechtlicher Eingriffe auf: EU-Richtlinien zu Pauschalreisen, Time-Sharing, Dienstleistungshaftung; Gesetz gegen Wettbewerbsbeschränkungen, Arbeitsförderungsgesetz, Bundesverkehrswegeplan, Baugesetzbuch, Bundes- und Landesraumordnungsprogramme, Bundes-Immissionsschutzgesetz, UVP-Gesetz, Bundes- und Landesnaturschutzgesetze, Flora-Fauna-Habitat-Richtlinie, Badegewässer-Richtlinie, Gesetz zur Anerkennung von Kurorten, Öko-Audit-Verordnung, Verpackungsverordnung.

Obwohl es eine Vielzahl ordnungsrechtlicher Eingriffe gibt, die sich auf den Themenkomplex „Umwelt und Tourismus" auswirken, sind gezielte staatliche Eingriffe in diesem sich erst langsam herausbildenden Politikfeld bisher nicht zu erkennen. Die gesetzliche Integration von umweltpolitischen Erfordernissen in tourismusrelevante Gesetze hat bisher nicht stattgefunden. Auf EU-Ebene wurde die Integration von Umweltbelangen in andere Politikfelder zwar programmatisch beschlossen, bei der politischen Umsetzung sind jedoch nach wie vor wenig Fortschritte erzielt worden - gleiches gilt für die Bundesrepublik. Will man demnach das Ordnungsrecht auch weiterhin als „Rückgrat der ökologischen Komponente in der Marktwirtschaft" (Bundesministerium für Umwelt, Naturschutz und Reaktorsicherheit 1996: 9) nutzen, dann scheint, was den Komplex „Umwelt und Tourismus" betrifft, zuerst die Überarbeitung bestehender Regelungen nötig. Zukünftig wäre die Integration umweltpolitischer Erfordernisse in alle tourismusrelevanten Fachpolitiken anzustreben. Wie schwierig die Anpassung bestehender Gesetze in der Praxis jedoch ist, zeigt das Beispiel der europaweiten Vereinheitlichung im Küstenschutz. Gegenwärtig besteht wegen der unterschiedlichen natürlichen wie politischen Bedingungen nur wenig Aussicht, z.B. den Schutz der Küstenzone europaweit sicherzustellen (Bundesamt für Naturschutz 1997a: 206).

Ordnungsrechtliche Instrumente haben den Vorteil, daß z.B. Umweltschutzerfordernisse konsequent umgesetzt werden können. So enthält u.a. das Bundesnaturschutzgesetz eine Liste der generell geschützten Biotope. Die Bundesländer sind ferner verpflichtet, den Schutz dieser Lebensräume in ihren Ländergesetzen zu konkretisieren. Der generelle, ordnungsrechtlich verankerte Schutz von Biotopen hat den Vorteil, daß aufwendige behördliche Prüfverfahren vieler Einzelfälle damit entfallen können (Bundesamt für Naturschutz 1997a: 207). Allerdings muß auch auf die Nachteile gesetzlicher Eingriffe hingewiesen werden. Vor allem die geringe Flexibilität des Instruments und der weitreichende Eingriff in die Handlungsautonomie der betroffenen Akteure, verbunden mit der Gefahr der Überregulierung, sind als Nachteile ordnungsrechtlicher Eingriffe zu nennen. Negativ fällt, gerade was den Bereich „Umwelt und Tourismus" anbelangt, die Inkongruenz zwischen touristischen und politischen Grenzen ins Gewicht. So erschweren die unterschiedlichen Landesnaturschutzgesetze in Sachsen-Anhalt und Niedersachsen die notwendige Kooperation bei der Errichtung eines länderübergreifenden Naturparks im Harz. Das ordnungsrechtliche Instrumentarium weist damit grundsätzliche Schwächen auf, die allerdings im Rahmen dieser Studie nicht vertieft werden können.

4.3 Fiskalische Instrumente

Über die Erhebung von Steuern und Abgaben kann der Staat direkt in tourismuspolitische Bereiche eingreifen und dabei Einfluß auf die Kostenstruktur der Angebots- wie der Nachfrageseite nehmen. Gezielte „Tourismussteuern" gibt es allerdings fast nur auf kommunaler Ebene, wenn über Kurtaxen, Fremdenverkehrs- oder Zweitwohnungssteuern eine gerechte Lastenverteilung der zu tätigenden Infrastrukturinvestitionen beabsichtigt wird. Der Umweltaspekt von Fremdenverkehrsdienstleistungen auf der kommunalen Ebene wird indirekt berücksichtigt, wenn die Preise für kommunale Versorgungssysteme, d.h. für Wasser, Energie oder Abfall, in die Kostenrechnung der Anbieter touristischer Dienstleistungen einfließen. Andere Steuer- oder Abgabearten mit Auswirkungen auf den Tourismus sind auf Bundes- wie Länderebene insbesondere im Verkehrssektor zu finden. Vor allem die Steuern auf Benzin und die Nichtbesteuerung von Flugbenzin haben Auswirkungen, wenn man die damit einhergehende versteckte Subventionierung von Fernreisen zu Lasten des Deutschlandtourismus betrachtet. Die steuerlichen Rahmenbedingungen verzerren so partiell die Wettbewerbsfähigkeit deutscher Tourismusregionen und tragen teilweise zum Export von Kaufkraft und Arbeitsplätzen bei, der nicht von ausländischer Nachfrage nach Urlaub in Deutschland kompensiert wird. Gerade was die Steuer- und Abgabenpolitik angeht, sind große internationale Anstrengungen nötig, will man auf die sich verstärkende Tendenz zur Globalisierung in der Reiseverkehrswirtschaft angemessen reagieren und nicht gleichzeitig in ein „race to the bottom" um die niedrigsten tourismusrelevanten Steuersätze mit negativen Konsequenzen für die Umwelt geraten. Auch unter diesem Aspekt sollten z.B. die Diskussionen innerhalb der Europäischen Union um eine Harmonisierung der Umsatzsteuersätze beobachtet werden (Brendle und Müller 1996: 35f.).

Da gegenwärtig die Tendenz besteht, staatliche fiskalische Eingriffe nur unter Standortgesichtspunkten und hinsichtlich der Erfordernisse des internationalen Wettbewerbs zu betrachten, sind Umweltsteuern als Steuerungsoption ins Hintertreffen geraten. Als ökonomisches Instrument zur Internalisierung externer Effekte bei touristischen Aktivitäten und damit als ein mögliches Bindeglied zwischen „Umwelt und Tourismus" behalten sie jedoch auch zukünftig Aktualität. Gegenwärtig haben Ökosteuern nur dann eine Chance auf Umsetzung, wenn das Steueraufkommen insgesamt nicht erhöht werden muß. Ohne eine gleichzeitige Senkung z.B. der Lohnnebenkosten, wie sie verschiedentlich in die Diskussion um eine ökologische Steuerreform angeregt wurde, besteht kurzfristig keine Aussicht, fiskalische Instrumente zugunsten der Umwelt zu nutzen, obwohl langfristige volkswirtschaftliche Kostenvorteile durch vermiedene Reparaturkosten zu erwarten sind. Kosteninduzierende Steuerungsinstrumente sind in der Bundesrepublik z.Zt. aber politisch nicht durchzusetzen und fallen damit trotz der möglichen positiven Umweltauswirkungen aus.

4.4 Fördermittel

Fördermittel wirken wie eine „negative“ Steuer, indem sie den Begünstigten, meist zweckgebunden, monetäre Mittel in die Hand geben. Im Rahmen dieses Instruments können der Staat oder andere öffentliche Träger, wie beispielsweise die Europäische Union, steuernd u.a. auf die Entwicklung der Infrastruktur in touristischen Gebieten einwirken. In der Tourismuspolitik werden Fördermittel sehr vielseitig eingesetzt. Es ist notwendig, nach der europäischen bzw. der Bund-Länder-Förderebene zu differenzieren (vgl. Tabellen 2a und 2b).

Generell ist die Förderlandschaft dadurch geprägt, daß die Vielzahl der unterschiedlichen Förderaktivitäten wenig koordiniert erfolgt. Nur so ist es zu erklären, daß Fördermittel fast ausschließlich zur Schaffung von neuen touristischen Angeboten genutzt werden und so z.B. in Ostdeutschland neue Hotels entstehen, ohne daß die Auslastung der bereits existierenden Hotels gesichert erscheint. Ein weiterer wesentlicher Schwachpunkt der Förderpraxis, gerade was den Bereich Tourismus angeht, ist die an die Landesgrenzen gebundene Unterstützung von seiten der Bundesländer. Wie schon bei den ordnungsrechtlichen Instrumenten angemerkt, stimmen, auch was die Wirtschaftsförderung angeht, politische und touristische Grenzen nicht überein. So ist es z.B. in der Rhön nicht möglich, daß hessische Fördermittel auch dem bayerischen Teil der Rhön zugute kommen, obwohl ein solches Vorgehen von Vorteil für die gesamte Region sein kann.

Nachfolgend werden zuerst die europäischen und dann die bundesdeutschen Förderaktivitäten mit touristischer Relevanz kurz dargestellt (vgl. Tabelle 2a und 2b).

In der Europäischen Union wird die Förderung zu einem großen Teil von der GD XVI über die Strukturfonds der Union abgewickelt. Dazu gehören der Europäische Fonds für regionale Entwicklung (EFRE), der Europäische Sozialfonds (ESF) und der Europäische Ausrichtungs- und Garantiefonds für die Landwirtschaft (EAGFL-A). Der überwiegende Teil der Mittel aus den Strukturfonds wird für die Unterstützung der auf Initiative der Mitgliedstaaten durchgeführten Aktionen bereit gestellt. Außerdem kofinanziert die Gemeinschaft Aktionen, die von der Europäischen Kommission vorgeschlagen werden. Dieser Teil der Strukturfondsmittel wird von 1994 bis 1999 für insgesamt 13 sogenannte Gemeinschaftsinitiativen genutzt, wovon drei - INTERREG II, KMU und LEADER II - für den Tourismusbereich relevant sind. INTERREG II hat u.a. das Ziel, die grenzüberschreitende Zusammenarbeit zu fördern, KMU soll die internationale Wettbewerbsfähigkeit kleinerer und mittlerer Unternehmen stärken und LEADER II unterstützt die lokale Entwicklung im ländlichen Raum. Die Vergabe der europäischen Fördermittel richtet sich nach der Einstufung in unterschiedliche Zielregionen. Für den Tourismusbereich der Bundesrepublik sind vor allem zwei Einstufungen relevant. Die neuen Bundesländer und Ost-Berlin gehören zu den Ziel-1-Gebieten mit besonders großem wirtschaftlichen Nachholbedarf. Daneben erhält ein Großteil der alten Bundesländer als Ziel-5b-Gebiet EU-Mittel zur Unterstützung der ländlichen Regionen. Speziell für Natur- und Umweltschutzprojekte, die auch Tourismusrelevanz haben können, stehen daneben Mittel aus dem LIFE-Programm der GD XI zur Verfügung.

In der Bundesrepublik existiert kein Förderinstrumentarium, das allein für die Belange der Tourismuswirtschaft geschaffen wurde. Allerdings gibt es bei den vorhandenen Förderprogrammen einige Instrumente, die auch der Fremdenverkehrswirtschaft zugute kommen. Alle nachfolgend kurz skizzierten Programme sind zur Unterstützung der unterschiedlichen Entwicklungsphasen einer Unternehmung gedacht.[109]

Bei der Gemeinschaftsaufgabe „Verbesserung der regionalen Wirtschaftsstruktur“ (GRW) kann man für den Bereich Tourismusförderung zwischen der Förderung von Investitionen der gewerblichen Wirtschaft und der Förderung der Infrastruktur des Fremdenverkehrs unterscheiden. Förderungswürdige Investitionen für die gewerbliche Wirtschaft müssen dabei einige Mindestanforderungen erfüllen. Die Vorhaben im Tourismusbereich sollen ein bestimmtes Investitionsvolumen übertreffen,[110] oder aber die Anzahl der bestehenden Dauerarbeitsplätze muß sich um mindestens 15% erhöhen. Für Beherbergungsbetriebe ist vorgeschrieben, daß ihre Dienstleistungen vor allem überregional ausgerichtet sein müssen. Andere Fremdenverkehrsbetriebe werden dann gefördert, wenn sie nachweisen, daß ihr Umsatz überwiegend durch den überregionalen Absatz ihrer Dienstleistungen erzeugt wird.

Bei der Förderung der Infrastruktur des Fremdenverkehrs unterscheidet man zwei Aktionsbereiche. Erstens werden Geländeerschließungen unterstützt, wenn sie eine wichtige Voraussetzung für die Erzeugung bzw. Steigerung der touristischen Nachfrage sind. Zweitens gibt es die Möglichkeit, öffentliche Einrichtungen des Fremdenverkehrs, wie Kuranlagen, Rad- und Wanderwege, Museen etc. zu bezuschussen. Schließlich besteht die Möglichkeit, extern erstellte „integrierte regionale Entwicklungskonzepte“ oder Planungs- und Beratungsleistungen zu unterstützen, die der Auftraggeber zur Vorbereitung anderer förderfähiger Infrastrukturprojekte nutzt.

Mit der „Gemeinschaftsaufgabe Verbesserung der Agrarstruktur und des Küstenschutzes“ (GAK) werden einzelbetriebliche Investitionsmaßnahmen von landwirtschaftlichen Betrieben im Beherbergungsbereich gefördert (Urlaub auf dem Bauernhof) (Brendle und Müller 1996: 15).

Mit dem Eigenkapitalhilfeprogramm (EKH) werden für die Gründung oder die Sicherung eines Unternehmens eigenkapitalersetzende Darlehen vergeben. Existenzgründer in den neuen Bundesländern erhalten günstigere Konditionen, die ihre besonders schwierige Situation berücksichtigen.

---

109 Die nachfolgenden Kurzbeschreibungen der Fördermöglichkeiten für die Tourismuswirtschaft basieren, wenn nicht anders angegeben, auf Angaben des Bundesministeriums für Wirtschaft (1996b).

110 Das Investitionsvolumen muß mehr als die in den letzten drei Jahren durchschnittlich verdienten Abschreibungen ohne Berücksichtigung der Sonderabschreibungen betragen (Bundesministerium für Wirtschaft 1996b: 3).

Tabelle 2a: Fördermöglichkeiten für die Tourismuswirtschaft durch den Bund

Förderinstrument	**Adressat**	**Form der Förderung**
Gemeinschaftsaufgabe „Verbesserung der regionalen Wirtschaftsstruktur" (GRW)	Gewerbliche Wirtschaft, hier: investive Förderung im Bereich Fremdenverkehr	Investitionszuschuß bei der Errichtung/ Erweiterung/Umstellung einer Betriebsstätte von max. 50 % bzw. 35 % im A-Fördergebiet und von max. 28 % im B-Fördergebiet. Insgesamt sind an GA-Mitteln für 1995-1999 22,53 Mrd. DM vorgesehen.
	Gemeinden und Gemeindeverbände, hier: nicht-investive Förderung der Fremdenverkehrsinfrastruktur	Investitionszuschüsse für Geländeerschließungsmaßnahmen und öffentliche Einrichtungen bei angemessener Eigenbeteiligung: max. bis zu 50 % der förderfähigen Kosten, in Ausnahmefällen Überschreitung; bis zu 100.000 DM pro Förderfall für die Inanspruchnahme von Planungs- und Beratungsdienstleistungen; bis zu 50.000 DM pro Förderfall für die Erarbeitung integrierter regionaler Entwicklungskonzepte. Insgesamt sind an GA-Mitteln für 1995-1999 14,31 Mrd. DM vorgesehen.
Gemeinschaftsaufgabe „Verbesserung der Agrarstruktur und des Küstenschutzes" (GAK)	landwirtschaftliche Betriebe, hier: einzelbetriebliche Investitionsförderung im Beherbergungsbereich („Urlaub auf dem Bauernhof")	Informationen über die Zahl und das Volumen der im Rahmen der GAK geförderten tourismusrelevanten Vorhaben liegen nicht vor, da die Vergabe Angelegenheit der Länder ist.
Eigenkapitalhilfeprogramm (EKH)	Mittelständische Unternehmen, auch aus der Tourismuswirtschaft, hier: Eigenkapitalhilfen zur Existenzgründung und Existenzfestigung	1995 wurde eine Eigenkapitalhilfe im Umfang von 353,41Mio. DM, 1996 im Umfang von 352,07 Mio. DM für Reisebüros, den Freizeitbereich und den Hotel- und Gaststättenbereich bewilligt.
ERP-Kredite	private und gewerbliche Unternehmen, Angehörige freier Berufe (Existenzgründungs- und Aufbauprogramm)	1995 wurde ein Kreditrahmen von 476,917 Mio. DM, 1996 von 433,851 Mio. DM für Existenzgründungen zur Verfügung gestellt.

Tabelle 2b: Fördermöglichkeiten für die Tourismuswirtschaft durch die EU

Förderinstrument	**Adressat**	**Form der Förderung**
EU-Strukturfonds-Programme	private und wirtschaftsnahe Investitionen	Die Vergabe der Strukturfondsmittel erfolgt über die Strukturfonds EFRE, EAGFL-A und ESF und in der Regel über die Gemeinschaftsaufgabe (s.o.). Für den Tourismusbereich sind besonders die Ziel 1- (die neuen Bundesländer) und die Ziel 5b-Gebiete (ländliche Regionen)von Bedeutung. In welchem Umfang die EU-Mittel bundesweit für den Tourismus eingesetzt werden, ist dem Bundeswirtschaftsministerium jedoch nicht bekannt, da die Abwicklung der Fördermaßnahmen Angelegenheit der Länder ist.
	Programme auf Initiative der Mitgliedstaaten (GFK oder EDPP)	Hierfür wird der überwiegende Teil der Strukturfondsmittel, insgesamt 140,6 Mrd. ECU für den Zeitraum 1994-1999, bereitgestellt.
	Programme auf Gemeinschaftsinitiative, für den Tourismus interessant v.a.: • INTERREG II (Grenzüberschreitende Zusammenarbeit) • KMU (Förderung kleiner und mittlerer Unternehmen) • LEADER II (ländliche Entwicklung) etc.	1994-1999 werden hier insgesamt 13,9 Mrd. ECU vergeben, von denen die Hälfte, rd. 6,7 Mrd. ECU, im Rahmen der EFRE abgewickelt werden.
LIFE - Programm	Natur- und Umweltschutzprojekte in verschiedenen Bereichen	Für 1995-1999 stehen für die LIFE-Programme 450 Mio. ECU zur Verfügung. Über das jährliche Budget entscheidet das EU-Parlament; dessen Verteilung auf die Mitgliedstaaten ist abhängig von den Anträgen.
„Aktionsplan der Gemeinschaft zur Förderung des Tourismus“ 1993-1995	Förderung von Forschungsprojekten und konkreten Maßnahmen im Tourismussektor (direkte Gemeinschaftsmaßnahmen)	Bereitstellung von Gemeinschaftsmitteln in Höhe von 6 Mio. ECU pro Jahr, 1994 Aufstockung um 566.000 ECU durch die EWR-Länder Österreich, Finnland, Schweden, Norwegen und Island.

Quellen: BT-Drs. 13/1376 vom 16.5.1995; BT-Drs. 13/3326 vom 11.12.1995; KOM (96) 29 endg.; European Commission 1996; Becker 1995; Brendle und Müller 1996; Freyer 1995

Das Eigenkapitalergänzungsprogramm (EKE-Darlehen) der Deutschen Ausgleichsbank (DtA) stellt erfolgversprechenden Initiativen in den neuen Bundesländern und in Berlin (Ost) risikotragende und damit eigenkapitalähnliche Mittel zur zusätzlichen Stärkung ihrer Kapitalbasis zur Verfügung. Ziel der EKE-Darlehen ist die nachhaltige Steigerung der Wettbewerbs- und Leistungsfähigkeit der Unternehmen.

Für kleine und mittlere Unternehmen (KMU) sind besonders die ERP-Programme sowie eine Reihe weiterer Darlehensprogramme öffentlich-rechtlicher Kreditinstitute und der Bundesländer gedacht. Diese Programme dienen in erster Linie der Sicherung und Verfügbarkeit langfristiger Darlehen mit günstigen Konditionen. Zu nennen sind hier z.B. die ERP-Förderung aus dem Existenzgründerprogramm oder aus dem Regionalprogramm für die alten Bundesländer sowie aus dem Aufbauprogramm für die neuen Bundesländer. Unter Umweltgesichtspunkten ist außerdem von Bedeutung, daß mittelständischen Unternehmen der Zugang zum ERP-Umweltschutz- und Energiesparprogramm offen steht.

In allen Bundesländern sind mittlerweile mittelständische Beteiligungsgesellschaften (MBS) gegründet worden, die Risikokapital in Form stiller Beteiligungen an KMU vergeben. Die MBS werden ihrerseits durch ERP-Mittel bzw. durch Garantien der Bürgschaftsbanken öffentlich refinanziert und gefördert. Die Beteiligung wird am Ende der vereinbarten Laufzeit oder bereits vorher zum Nominalwert rückerstattet.

Die mittelständischen Fremdenverkehrsunternehmen in den neuen Bundesländern profitieren auch von den Mitteln des Beteiligungsfonds Ost, den die Bundesregierung zur nachhaltigen Stärkung des haftenden Eigenkapitals dieser Unternehmen eingerichtet hat. Die Kreditanstalt für Wiederaufbau (KfW) sowie die Deutsche Ausgleichsbank stellen als Kapitalsammelstellen in den Jahren 1996 bis 1998 steuerbegünstigte langfristige Darlehen zur Verfügung. Dieses im Jahressteuergesetzt 1996 beschlossene Kapitalsammelstellenmodell orientiert sich am §16 des Berlin-Fördergesetzes.

Eine weitere Möglichkeit, fehlende bankübliche Sicherheiten zu ersetzen, eröffnen Landes- oder Bundesbürgschaften. Die Bürgschaften werden jedoch nur übernommen, wenn ein tragfähiges unternehmerisches Konzept vorliegt und die Hausbank bereit ist, sich mit einem mindestens 20%igen Eigenobligo zu beteiligen. Die Bürgschaften werden durch den Bund bzw. die Länder über die Deutsche Ausgleichsbank oder die Landesförderinstrumente als Rückbürgschaften mitgetragen.

Außerdem unterstützt die Bundesregierung vor allem mittelständische Unternehmen im Rahmen des BMWi-Titels „Leistungssteigerung im Fremdenverkehrsgewerbe“, mit dem Informations- und Schulungsveranstaltungen für Fach- und Führungskräfte sowie Unternehmensberatungen gefördert werden sollen. Genau wie diese Maßnahmen dient auch die Mitfinanzierung des Deutschen Seminars für Fremdenverkehr (DSF) der Fortbildung, Qualifizierung und Professionalisierung der im Tourismus Beschäftigten.

Zuletzt soll noch auf die Messeförderung des Bundes hingewiesen werden. Das Inlandsmesseprogrammm des Bundes unterstützt Unternehmen aus den neuen Bundesländern bei der Teilnahme an touristischen Messen.

Es wird damit deutlich, daß sich die Vielzahl der Förderinstrumente auf Landes-, Bundes- und europäischer Ebene auf die Bereiche Eigenkapitalfinanzierung, infrastrukturelle Maßnahmen und den Bereich Weiterbildung/ Schulung vornehmlich zugunsten kleiner- bzw. mittelständischer Tourismusunternehmen konzentriert. Umweltpolitische Gesichtspunkte spielen dagegen im Vergleich zu den wirtschaftspolitisch motivierten Förderzielen bisher keine Rolle. Eine Integration von Umweltschutzkriterien in den Anforderungskatalog für förderungswürdige Unternehmen und Projekte steht noch aus.

4.5 Produktlabeling und Umweltwettbewerbe

Eine Vielzahl von Gütesiegeln sowie Umweltwettbewerben[111] finden im Tourismusbereich schon ihren Einsatz (vgl. Tabelle 3). Für die Förderung des Umweltschutzes besitzen sie eine hohe Relevanz. Ihre Funktion können sie jedoch nur erfüllen, wenn am Ende die notwendige Transparenz gewährleistet ist.

Das Steuerungsinstrument „Gütesiegel“ (engl. Labeling) hat eine lange Tradition und wird z.B. für die Kennzeichnung von Lebensmitteln verwandt. Für touristische Angebote existiert es dagegen erst seit kurzem. Allerdings kann gerade das Labeling als sogenanntes „weiches Steuerungsinstrument“ ein effizientes, marktwirtschaftlich orientiertes Mittel zur umweltfreundlichen Gestaltung von Fremdenverkehrsangeboten sein. Dazu müssen drei Funktionen für Umweltauszeichnungen beachtet werden. Erstens stellt das Siegel eine Umweltinformation für die Kunden dar und zielt auf die Beeinflussung der Kaufentscheidung. Zweitens sollen die Umweltmaßnahmen den Betrieben nach dem Motto „better environment - better business“ Marktvorteile bringen. Und drittens sollen Wettbewerbsvorteile durch Umweltsiegel die Branche zur Nachahmung anregen. Um marktbeeinflussende Wirkung zu entfalten, muß das Label einerseits vom Konsumenten akzeptiert und andererseits für den Anbieter attraktiv genug gestaltet werden. Erfolgreiche Umweltsiegel spekulieren deshalb auf einen „Mitmach-Effekt“ (Breitenwirkung). Außerdem muß das Siegel den Belobigten wirkliche ökologische Anstrengungen abverlangen (Tiefenwirkung), damit sich nicht nur „Etikettenschwindel“ dahinter verbirgt. Schließlich muß ein Label langfristig konzipiert sein (Langzeitwirkung), um nicht als umweltfreundliche Promotion zu erscheinen (Hamele 1996: 5ff.).

Das „ideale Umweltlabel“ übernimmt Pionierinitiativen einzelner, es unterstützt die Bereitschaft zum Engagement auf seiten der Anbieter und bereitet damit neue, höhere Qualitätsstandards vor. Trotzdem bleibt es vielfältig einsetzbar und dient

111 Vgl. zur Bedeutung von Umweltgütezeichen und -preisen für das grüne Tourismusmarketing auch Hopfenbeck und Zimmer (1993: 162ff.).

der besseren Information der Verbraucher. Bei der Entwicklung von Umweltsiegeln ist eine Tendenz von regionalen bzw. kommunalen Kennzeichen hin zu immer großräumigeren Gütesiegeln oder Preisen zu verzeichnen. Dies ist eine Reaktion auf das entstandene Label-Wirrwarr und der damit einhergehenden Desorientierung der Verbraucher. Mit der momentanen Konkurrenz zwischen verschiedenen Labelarten besteht ferner die Möglichkeit, auf der Basis der bestehenden Erfahrungen nun bewährte Alternativen auszuwählen und ihre weitere Verbreitung gezielt zu fördern.

Zusammenfassend sind die drei wichtigsten Kriterien für alle Umweltauszeichnungen, die auf Dauer erfolgreich sein sollen, folgende (Hamele 1996: 7 und 35):

- Informatorische Vergabekriterien auf hohem Umweltschutzniveau,
- transparente Vergabestrukturen,
- hohe Akzeptanz bei den Anbietern wie auch bei den Verbrauchern.

Was die Vor- bzw. Nachteile von Gütesiegeln oder Umweltwettbewerben betrifft, gibt es verschiedene Auffassungen. Beispielsweise ist die „Blaue Europa-Flagge" für Strände und Sportboothäfen umstritten, weil europaweit keine einheitlichen Vergabekriterien existieren und somit Wettbewerbsverzerrungen ermöglicht werden. Deshalb hat sich Schleswig-Holstein etwa in den vergangenen Jahren nicht mehr an der Vergabe des Siegels beteiligt und lehnt dieses Label auch weiterhin ab. Probleme hinsichtlich der Kriterien ergeben sich noch stärker bei dem Vergleich der Fremdenverkehrsorte. Wenn man z.B. die Preisträger des „Bundeswettbewerbs Umweltfreundliche Fremdenverkehrsorte in Deutschland", Damp[112] und Heidelberg[113], betrachtet, wird deutlich, daß die unterschiedliche Größe der beteiligten Orte, verschiedene landesrechtliche Rahmenbedingungen, regionale Unterschiede etc. einen objektiven Vergleich erschweren (vgl. auch Bundesamt für Naturschutz 1997a: 214ff.).

Trotz der zu erkennenden Unzulänglichkeiten bieten Gütesiegel und Umweltpreise als weiche Steuerungsinstrumente die Möglichkeit, gerade im Bereich „Umwelt und Tourismus" zu umweltfreundlichen Entwicklungen beizutragen und Orientierungspunkte für die Entwicklung harter Steuerungsformen, z.B. die ökologische Weiterentwicklung von Förderkriterien, zu geben. Nicht zuletzt deshalb werden diese Instrumente in den kommenden Jahren an Bedeutung gewinnen.

112 Ostseebad in Schleswig-Holstein mit 720 Einwohnern und 467.000 Übernachtungen im Jahr 1995 (Deutscher Fremdenverkehrsverband e.V. 1997: 21).

113 Großstadt in Baden-Würtemberg mit 138.000 Einwohnern und 780.000 Übernachtungen im Jahr 1995 (Deutscher Fremdenverkehrsverband e.V. 1997: 23).

Tabelle 3: Produktlabeling und Umweltwettbewerbe

Europa

Geltungsbereich	Bezeichnung	Träger/Initiator	Kriterien	Teilnehmerzahl
Fremdenverkehrs-regionen	„Landschaft des Jahres“	NFI Naturfreunde Internationale	Grenzüberschreitende, europäische Landschaft, die eine exemplarische, ökologische Bedeutung hat und zugleich in besonderer Weise schutzwürdig, belastet oder gefährdet ist	Die „Landschaft des Jahres“ wird ohne Wett-bewerb ausgezeichnet.
Fremdenverkehrs-regionen/gemein-den	„Europäischer Preis für Tourismus und Umwelt“	EU-Kommission	Ausarbeitung und erfolgreiche Ausführung eines umwelt-freundlichen Programmes zu Förderung des Tourismus mit Nachweis des außergewöhnlichen Engagements bei spar-samen und einfallsreichem Umgang mit den natürlichen Ressourcen, Initiativen zur Minderung von Umwelt-belastungen (Lärm, Verschmutzung, Müll) etc.	1995: ca. 60 bundesweit, 5 Kandidaten pro Bundesland
Strände, Sportboot-häfen	„Blaue Europa-Flagge“	Foundation for Environmental Education in Europe (F.E.E.E.)	EU-Badewasserqualitäts-Richtlinie Strände: Badewasserqualität, Strandqualität, Strandverwaltung und -sicherheit etc. Sportboothäfen: Hafen und Umgebung, Ausrüstung und Einrichtung im Hafen, Umwelterziehung und -information	Sportboothäfen: bundesweit seit 1987 ca. 300; 1997: ca. 150 Strände: bundesweit seit 1987 ca. 20; 1997: 15
Fremdenverkehrs-orte, Beherber-gungsbetriebe, Reiseveranstalter	„Grüner Koffer“ (in Planung)	Ö.T.E. Ökologischer Tourismus in Europa e.V.	Verkehr, Planung, Müll, Umweltverträglichkeitsprüfung, Freizeitaktivitäten, Wasserversorgung, -entsorgung, Lärm, Information	
Einzelpersonen, Gruppen, Organisa-tionen, Unterneh-men, Kommunen	„Internationale Umweltauszeich-nung des DRV“	DRV e.V.	Wesentlicher Beitrag zum Schutz bzw. zur Verbesserung der Umwelt und der Kultur bei gleichzeitiger Unterstützung des Tourismus.	1996: bundesweit ca. 30
Beherbergungs-betriebe	„IHA Environmental Award“	IHA	Art und Weise der Entwicklung der jeweiligen Initiativen/Programme, Durchführung, Art, Angemessenheit und Qualität der Publikationen und Materialien, Fallstudie/Bericht (Effizienznachweis)	1995. bundesweit 1 1996: bundesweit 3, insgesamt ca. 60
Umweltinitiativen	„Tourism for Tomorrow Award“	British Airways	Initiativen sollen aktuelle und zukünftig bedeutende Belange eines erfolgreichen „nachhaltigen Tourismus“ betreffen, z.B. durch Umweltkommunikation und Sicherung der natürlichen sowie Verbesserung der bebauten Umwelt, Sozialverträglichkeit	1994-96: bundesweit 4

Tabelle 3: Produktlabeling und Umweltwettbewerbe

Bund

Geltungsbereich	Bezeichnung	Träger/Initiator	Kriterien	Teilnehmerzahl
Fremdenverkehrs-orte	„Umweltfreundliche Fremdenverkehrsorte“	DFV e.V.	Verkehr (Luft, Lärm, Klima), Abfall, touristische Infrastruktur, (Bau, Wasser, Energie etc.), Natur und Landschaft, Umweltmanagement	1996/97: 110
Städte	„Bundeshauptstadt für Natur- und Umweltschutz“	Deutsche Umwelthilfe e.V.	Umweltplanung, Flächen- und Artenschutz, Land- und Forstwirtschaft, Gewässer, Wasser und Abwasser, Verkehr, Abfall, Energie, globaler Umweltschutz etc.	1996: 189
Gemeinden in den neuen Ländern	„TAT-Orte - Gemeinden im ökologischen Wettbewerb“	Deutsches Institut für Urbanistik	Beispielhafte, umweltverträgliche Vorhaben, die gleichzeitig ökonomische und soziale Bedeutung haben.	1995: ca. 50-80 1996: ca. 50-80
Fremdenverkehrs-regionen	„Umweltgerechte Ferienstätten, Ferienparks und Ferienzentren“	ADAC e.V.	Abfall, Wasser und Abwasser, Energie, Landschaft, Verkehr, Ausbildung	1. Wettbewerb findet 1997 statt.
Beherbergungs-betriebe	„Wir führen einen umweltorientierten Betrieb“	DEHOGA	Kriterien: 40-Punkte-Katalog des DEHOGA-Leitfadens, teilweise Erweiterung der "Basiskriterien" durch die einzelnen Länder	Keine Daten über Teilnehmer verfügbar; bis Ende 1996 wurden ca. 800 Betriebe ausgezeichnet.
Autobahn-Raststätte	„ADAC-Eichhörnchen: Umweltgerechte Autobahn-Raststätte“	ADAC e.V.	Kriterien: Abfall, Wasser, Abwasser, Energie	ca. 100 seit 1994

Tabelle 3: Produktlabeling und Umweltwettbewerbe

Land

Geltungsbereich	Bezeichnung	Träger/Initiator	Kriterien	Teilnehmerzahl
Beherbergungs-betriebe	„Umweltbewußter Hotel- und Gaststättenbetrieb"	Bayrische Staatsregierung	u.a. betreffend Abfall, Energie, Wasser, Bau, Einrichtung, Außenanlagen, Transport/Verkehr, Information der Mitarbeiter und Gäste	1991/92: 1320; 1993/94: 948
Beherbergungs-betriebe	„Wir führen einen umweltfreundlichen Betrieb"	Hotel- und Gaststättenverband Baden-Württemberg e.V.	40-Punkte-Katalog des DEHOGA-Leitfadens und eigener Fragebogen	1993/94: ca. 400; 1995/96: ca. 400
Beherbergungs-betriebe	„Der umweltfreundliche Hotel- und Gaststättenbetrieb"	Hotel- und Gaststättenverband Hessen e.V.	Wasser und Abwasser, Müllvermeidung und -trennung, Energieeinsparung, sonstiges.	1994/95: 457
Beherbergungs-betriebe	„Der umweltorientierte Hotel- und Gaststättenbetrieb"	Hotel- und Gaststättenverband Schleswig-Holstein	Wasser/Abwasser/Reinigung, Müllvermeidung, Mülltrennung, Energieeinsparung, sonstiges.	1994/1995: ca. 150
Beherbergungs-betriebe	„Umweltfreundliches Gastgewerbe"	Landesfremdenverkehrsverband Mecklenburg-Vorpommern e.V.	auf der Basis des 40-Punkte-Katalogs des DEHOGA-Leitfadens u.a. betreffend Wasser/Abwasser, Müllvermeidung/-trennung/-verwertung, Energie, sonstiges.	1995/96: 128; 1997: ca. 190

Kommune

Geltungsbereich	Bezeichnung	Träger/Initiator	Kriterien	Teilnehmerzahl
Beherbergungs-betriebe	„Umweltschnecke Nordseeinsel Borkum"	Stadt Borkum	Kriterienkatalog mit 47 Punkten zur Müllvermeidung, Empfehlungskatalog für das Beschaffungswesen	seit 1990 ca. 120
Beherbergungs-betriebe	„Grüne Sterne"	Femdenverkehrsbetriebe Uhldingen-Mühlhofen GmbH	Gastlichkeit, Umwelt, Eigeninitiative; die Kriterien werden jährlich ergänzt bzw. erweitert.	seit 1992 erhielten 2/3 der gewerbl. Zimmervermieter (20 von 27) eine Plakette

Quelle: Hamele 1996 und verschiedene Interviews.

4.6 Verhandlungslösungen und Selbstverpflichtungen

Verhandlungslösungen zwischen Staat und Privatwirtschaft bzw. Selbstverpflichtungen privater Akteure werden zunehmend zu einem immer wichtigeren Instrument für das Erreichen umweltpolitischer Ziele. Gerade hier kommt es aber auf ein sinnvolles Zusammenspiel mit anderen Instrumenten an, um letztlich das erforderliche Umweltschutzniveau zu sichern.

Selbstverpflichtungen der Wirtschaft als marktkonformes Instrument ohne staatliche Regulierung sind in den vergangenen Jahren nicht nur in der Bundesrepublik stärker genutzt worden. Während international jedoch bereits eine Vielzahl von Selbstverpflichtungen der Tourismusindustrie vorliegt,[114] bleibt die Bundesrepublik, zumindest was den Bereich „Umwelt und Tourismus“ anbelangt, noch zurück. Gegenwärtig bereitet die deutsche Tourismuswirtschaft eine Selbstverpflichtung vor. Die „Umwelterklärung der Spitzenverbände und -organisationen des deutschen Tourismus“ soll im Mai bzw. Juni 1997 verabschiedet werden. Die Erklärung muß wegen der unterschiedlichen Interessen der beteiligten Akteure notgedrungen sehr allgemein ausfallen.[115] Konkrete Maßnahmen fehlen in der vorläufigen Version der Selbstverpflichtung.[116] In anderen Politikbereichen ist der Einsatz dieses Instruments in der Bundesrepublik schon weitaus häufiger zu beobachten. Seit Ende der siebziger Jahre sind ca. 80 Selbstverpflichtungen eingegangen worden; 1996 etwa zu ausgedienten KFZ, in der chemischen Industrie, der Papierindustrie und im Verlagswesen. Auch die Verpflichtung der Industrie zur Minderung der CO_2-Emissionen im Vorfeld der Klimakonferenz 1995 wurde kürzlich aktualisiert und präziser gestaltet, indem eindeutige Ziele und die unabhängige Beurteilung der Ergebnisse beschlossen wurden. Die neue Verpflichtung gilt damit für 80% des Energieverbrauchs der deutschen Industrie.[117]

Umweltvereinbarungen sind ein vielseitiges Instrument, das auf regionaler, nationaler und auch internationaler Ebene genutzt werden kann. Durch Vereinbarungen werden wirksame Umweltmaßnahmen im Vorgriff auf die formale Rechtsetzung möglich. Dadurch wird auch die häufig zu beklagende administrative Überregulierung entschärft. Nach Ansicht der EU-Kommission haben Umweltvereinbarungen im wesentlichen drei Vorteile: Durch sie wird die fortschrittliche Haltung der Industrie gefördert, sie ermöglichen kostenwirksame und maßgeschneiderte Lösungen im Interesse der Industrie, und sie führen zu einer schnelleren Umsetzung der gesteckten Ziele.[118]

Umweltvereinbarungen sind allerdings nicht unumstritten. Kritiker halten dem Instrument vor, das keine zusätzliche Entlastung für die Umwelt zu erreichen sei.

---

114 Vgl. United Nations Environment Programme Industry and Environment (1995).

115 Die Umwelterklärung von BTW, asr, DBV, DFV, Dehoga, DRV und DZT wird vom BMU unterstützt und vom Deutschen Wirtschaftswissenschaftlichen Institut für Fremdenverkehr e.V. (DWIF) wissenschaftlich begleitet.

116 In der endgültigen Erklärung hat es diesbezüglich keine Änderungen mehr gegeben.

117 Vgl. KOM (96) 561 endg., S. 27.

118 Vgl. KOM (96) 561 endg., S. 3.

An Gewinnmaximierung orientierte Unternehmen sind gezwungen, nur die gerade noch nötige Verpflichtung einzugehen, die das staatliche Eingreifen verhindert. Somit wird der wahrscheinlich ohnehin stattfindende Eingriff antizipiert, ein weitergehendes Eingreifen der Behörden aber unter dem Deckmantel wohlklingender Selbstverpflichtungen verhindert. Insofern verzichtet die Politik u.U. auf Einflußmöglichkeiten und gibt die Verantwortung an die Industrie ab. Da in jüngster Zeit aber ein Trend zur Formalisierung und zur stärkeren Beteiligung staatlicher Stellen bei der Entwicklung von Selbstverpflichtungen in Deutschland zu beobachten ist, wird der Kritik teilweise der Boden entzogen.[119]

International vergleichende politikwissenschaftliche Untersuchungen haben die Rahmenbedingungen harter und weicher Politikinstrumente hinsichtlich ihrer Umweltwirkungen untersucht. Verhandlungslösungen, freiwillige Vereinbarungen sowie Selbstverpflichtungen haben dabei tatsächlich immer dann zu Umweltentlastungen geführt, wenn der Staat zumindest den Einsatz „harter Instrumente", vor allem Ge- und Verbote, androhte. Jänicke und Weidner sprechen hier von „prospective intervention". Die Ankündigung staatlichen Handelns führt auf seiten der Adressaten zu Unsicherheit und löst damit u.U. Lernprozesse, Innovationen oder auch antizipierende Verhaltensänderungen aus (Jänicke und Weidner 1995: 21).

4.7 Informatorische, partizipatorische und bildungspolitische Instrumente

Die Bedeutung von Informationen bei der Auswahl touristischer Dienstleistungen ist gerade im Bereich des umweltsensiblen Fremdenverkehrs von großer Bedeutung. So kann die Aufklärung über die jeweiligen Umweltauswirkungen einer Reise zumindest einen Teil der Nachfrager dazu bewegen, die umweltfreundlichere Alternative zu wählen. Informatorische Maßnahmen wie Werbekampagnen, die Aufklärung über Umweltaktivitäten am Urlaubsort oder auch das parallele Angebot von verschiedenen Verkehrsmitteln wie Bahn oder Flugzeug zur Erreichung des Urlaubsorts überlassen den Kunden nach wie vor ihre Entscheidungsfreiheit. Aufklärungskampagnen oder Beratungsmöglichkeiten zielen auf einen schleichenden Bewußtseinswandel und schließlich Verhaltenswandel bei Nachfragern wie auch bei Anbietern. Es muß dabei betont werden, daß informatorische Instrumente nur wirksam werden können, wenn sie über die Sensibilisierung des Umweltbewußtseins hinaus auch handfeste Alternativen und deren positive Folgen thematisieren (Brendle und Müller 1996: 37).

Auch im Bereich der informatorischen Instrumente herrscht bisher noch ein Mangel an Koordination zwischen den verschiedenen Akteuren. So beklagt z.B. die Vorsitzende des Tourismusausschusses im Deutschen Bundestag, Halo Saibold, daß die Ergebnisse von Ecotrans zu sozial- und umweltfreundlichem

119 Vgl. KOM (96) 561 endg., S. 3 und 27.

Tourismus der breiten Öffentlichkeit bisher nicht zugänglich gemacht wurden.[120] Die gleiche Arbeit, so Saibold, wird jetzt vom WTTC (ECoNETT; vgl. Abschnitt 3.3.2) wiederholt. Analog gelte dies für die Arbeit des DRV, dessen öffentlich gefördertes Informationsblatt zu „ökologischem Reisen" kaum jemand zu Gesicht bekommen hätte.[121]

Neben der aktiven Beeinflussung durch informatorische Instrumente müssen auch passive Informationsrechte der Verbraucher und aller anderen Akteure im Tourismus stärker berücksichtigt werden. Genauso wie die Umweltgütesiegel sind Informationsrechte ein „weiches Steuerungsinstrument", dem sich in den vergangenen Jahren besonders die Europäische Kommission verschrieben hat, was schließlich zur Formulierung der Umweltinformationsrichtlinie[122] der EU führte. Die Richtlinie und das Konzept der Umweltinformationsrechte setzt auf öffentlichen Druck von unten, um umweltpolitische Ziele zu verwirklichen. Ziel der Richtlinie ist es,

> den freien Zugang zu den bei den Behörden vorhandenen Informationen über die Umwelt sowie die Verbreitung dieser Informationen zu gewährleisten und die grundlegenden Voraussetzungen festzulegen, unter denen derartige Informationen zugänglich gemacht werden sollen.[123]

Gerade aus Deutschland wurde jedoch während des Verhandlungsprozesses zur Umweltinformationsrichtlinie Widerstand laut, der sich insbesondere mit der deutschen Regulierungstradition erklären läßt. Die weitreichenden Informationsrechte werden sowohl von Behörden als auch von der Industrie skeptisch gesehen, weil damit die „Grundsätze der Vertraulichkeit in Frage gestellt werden" (Héritier et alii 1994: 270ff.).

Partizipatorische Steuerung im Bereich „Umwelt und Tourismus" verfolgt das Ziel, zumeist auf regionaler bzw. kommunaler Ebene eine Vielzahl der relevanten Akteure an einem tourismuspolitischen Entscheidungsprozeß zu beteiligen („Runde Tische"). Der Vorteil dieser durchaus zeitaufwendigen Methode liegt darin, daß nach Abschluß der gemeinsamen Arbeit keine erneute Überzeugungsarbeit in der betroffenen Region geleistet werden muß. Zentrale Politikplanung krankt dagegen häufig, insbesondere was die Implementierung anbetrifft, an der dafür nötigen Unterstützung der betroffenen Akteure. Wichtige Voraussetzung für den Erfolg partizipatorischer Steuerung für eine umweltverträgliche Tourismuspolitik ist die fachliche Expertise der Moderatoren, wie sie z.B. in Schleswig-Holstein durch einen Umweltberater beim Fremdenverkehrsverband bereit gestellt wird. Sonst besteht die Gefahr, daß z.B. Naturschützer touristische

---

120 Vgl. zur Konzeption der Ecotrans Datenbank Hamele (1993) und Bundesamt für Naturschutz (1997a: 216). Die Finanzierung der Ecotrans-Datenbank ist jedoch nicht gesichert. Eine öffentliche Unterstützung wurde vom UBA bisher abgelehnt.

121 Vgl. tm touristik management (1997: 67).

122 Vgl. die Richtlinie des Rates über den freien Zugang zu Informationen über die Umwelt vom 7. Juni 1990 in Abl. L 175 (1990), S. 56.

123 Vgl. die Richtlinie des Rates über den freien Zugang zu Informationen über die Umwelt vom 7. Juni 1990 in Abl. L 175 (1990), S. 57.

Entscheidungen treffen, ohne über die notwendigen Fachkenntnisse der Touristiker zu verfügen. Bei der Planung von „Runden Tischen“ sollte deshalb auf einen vernünftigen Proporz aller Interessengruppen geachtet und externer unparteiischer Sachverstand hinzugezogen werden.

Die Aus- und Weiterbildung im Tourismussektor ist weniger formalisiert als in anderen Branchen, weil z.B. Reiseleiter stark von privat erworbenen Kenntnissen profitieren. Da aber gerade die Arbeitnehmer im Tourismus als Multiplikatoren für umweltorientiertes Reisen in Frage kommen, kann über die zunehmende Integration von Umweltschutzthemen in die Aus- und Weiterbildung in der Tourismusbranche auch indirekt zu einer Verhaltensänderung bei den Nachfragern wie auch den Anbietern beigetragen werden (Brendle und Müller 1996: 37). Die Trainingsmethoden sollten sich deshalb auch weg von der allein inhaltsorientierten und hin zu mehr problemlösungsorientierten Weiterbildungskonzepten bewegen. Der Reiseanbieter Studiosus bietet z.B. umweltorientierte Schulungen für Reiseleiter an (Hopfenbeck und Zimmer 1993: 485f.). Gerade was langfristige Verhaltensänderungen anbelangt, ist die Umwelterziehung und -bildung sehr wichtig. Deshalb haben beispielsweise die Naturfreunde Internationale einen ihrer Arbeitsschwerpunkte in diesen Bereich gelegt.

Insgesamt besteht gerade bei der Nutzung informatorischer, partizipatorischer und bildungspolitischer Instrumente noch ein großes Entwicklungspotential. Alle Formen dieser weichen Steuerung sind besonders geeignet, zur umweltorientierten Sensibilisierung eines breiten Adressatenkreises von touristischen Anbietern wie Nachfragern beizutragen. Weil für informatorische, partizipatorische und bildungspolitische Instrumente jedoch Investitionen in nicht geringem Ausmaß notwendig sind und sich positive Erfolge nur langfristig und schwer meßbar einstellen werden, ist von politischer Seite gegenwärtig keine weitreichende Mittelumlenkung zu erwarten. Trotzdem muß man erkennen, daß sich die Akzeptanz für viele Steuerungsinstrumente wie z.B. dem Öko-Audit nur einstellen wird, wenn über die gesetzliche Fixierung hinaus auch beratend bei der Umsetzung eingegriffen wird.

4.8 Forschungsförderung

Über die Vergabe von Forschungsmitteln und die Auswahl relevanter Forschungsfragen wird einerseits ein Beitrag zur Überwindung bestehender tourismusinduzierter Umweltprobleme geleistet. Andererseits können durch eine entsprechende Themenstellung auch bisher noch nicht erkannte Probleme publik gemacht und Teil der politischen Agenda werden.

Forschungsvorhaben im Bereich des Tourismus werden von der Bundesregierung aus dem Bundeshaushalt vergeben. Die Mittel werden von den tourismusrelevanten Bundesministerien zur Verfügung gestellt. Dazu gehören das BMWi, BMU, BMV, BMBF und das BMBau (Brendle und Müller 1996: 18ff.).

Gerade im Forschungsförderungsbereich fällt die fehlende Abstimmung zwischen den verschiedenen Auftraggebern auf. Es kommt deshalb häufig zu Doppelarbeit. Bisher hat sich auch keine klar strukturierte Forschungslandschaft zum Thema „Umwelt und Tourismus" herausgebildet. Durch eine gezielte Identifizierung der relevanten Forschungsfelder und die damit einhergehende Vernetzung der Forschungsgeber wie -nehmer, ließe sich die Effizienz der Forschungsförderung weiter steigern (Brendle und Müller 1996: 37).

Außerdem ist gerade in der Tourismusforschung der mangelhafte Wissenstransfer von der Wissenschaft in die Unternehmen zu beklagen. Dies ist um so bedeutsamer, als man in Tourismusunternehmen auch keine F+E-Abteilungen findet, die sich neben der Produktentwicklung um die Entwicklungen in der touristischen Grundlagenforschung kümmern.

Neben dem Bund und den Ländern, die zumeist Forschungsvorhaben mit regionaler Bedeutung unterstützen, vergibt die Europäische Union tourismusrelevante Forschungsmittel. Dabei fallen sämtliche Forschungs- und Entwicklungstätigkeiten unter die Rahmenprogramme. Das aktuelle Vierte Rahmenprogramm im Bereich der Forschung und technologischen Entwicklung (1994 bis 1998)[124] mit insgesamt zwanzig spezifischen Programmen umfaßt mehrere Bereiche, die direkt oder indirekt Auswirkungen auf den Tourismus haben. Dazu gehören „Umwelt und Klima", „Industrielle und Werkstofftechnologien", „Verkehr", „Ausbildung und Mobilität von Wissenschaftlern", „Normung, Meß- und Prüfverfahren", „Landwirtschaft und Fischerei", „nicht nukleare Energien", „sozio-ökonomische Schwerpunktforschung" und die „Zusammenarbeit mit Drittländern und internationalen Organisationen".[125]

Insgesamt fällt bei der tourismusrelevanten Forschungsförderung die fehlende Koordinierung der Forschungsprojekte auf. Diese Problematik ist ebenfalls für den Bereich „Umwelt und Tourismus" zu erkennen. Zur Koordination der umwelt- und tourismusrelevanten Forschung sollte deshalb darüber nachgedacht werden, die Abwicklung bei einem Gremium zu konzentrieren. Außerdem wird kritisiert, daß fast alle Grundlagenuntersuchungen auftragsgebunden sind und damit nur den Auftraggebern zur Verfügung stehen. Unabhängig erstellte grundlegende Studien müßten aber öffentlich zugänglich sein (Freyer 1995: 297).

4.9 Planungs- und Prüfinstrumente

Verschiedene Planungs- und Prüfinstrumente sind geeignet, den Tourismus umweltfreundlicher zu gestalten. Zuerst lassen sich mit Hilfe *der Raum- und Flächennutzungsplanung* auch touristische Entwicklungen beeinflussen. Die Raumplanung und besonders die Landesplanung hat dabei die Aufgabe, „die übergeordnete, überörtliche und zusammenfassende Planung für eine den sozialen,

124 Vgl. den Beschluß des Europäischen Parlaments und des Rates vom 26. April 1994 in Abl. L 126 (18.5.1994).

125 Vgl. KOM (96) 29 endg., S. 58ff. und Anhang 11.

kulturellen und wirtschaftlichen Erfordernissen entsprechende Raumordnung zu sichern". Die Landesplanung darf dabei nicht allein als Summe aller Fach- und Ortsplanungen betrachtet werden. Im Sinne einer Querschnittsaufgabe hat die Raumordnung neben der Koordination insbesondere für die Integration aller Fach- und Gemeindeplanungen im Hinblick auf die von ihr erarbeitete räumliche Ordnung des gesamten Staatsgebiets zu achten.[126]

Der Tourismus ist eines der von der Raumordnung zu koordinierenden Fachgebiete. Die Raumordnung nimmt dabei im Hinblick auf die umweltschonende Entwicklung von Fremdenverkehrsprojekten eine herausragende Stellung ein, weil die Landschaft die wohl wichtigste Ressource des Tourismus ist und somit raumplanerische Entscheidungen gerade touristische Entwicklungen stark determinieren.

Die Bundesregierung hat bei der Raumordnung nach Artikel 75 des Grundgesetzes nur eine Rahmenkompetenz. Im „Raumordnungspolitischen Orientierungsrahmen" des BMBau von 1993 wird der Fremdenverkehr somit auch nur mit recht globalen Formulierungen aufgegriffen. U.a. sollen bei der weiteren touristischen Entwicklung verstärkt Umweltbelange mit berücksichtigt werden. Die raumordnerische Planungshoheit liegt dagegen bei den Ländern. Auch die Europäische Union verfügt in Raumordnungsfragen über keine eigene Kompetenz.

Die Bundesländer haben eigene Landesplanungsgesetze erlassen, in denen die Ziele und Aufgaben der Landes- bzw. Regionalplanung vorgegeben werden. Als Ziele der Raumordnung und Landesplanung kommen nur überörtliche, d.h. über den Rahmen kommunaler Zuständigkeiten hinausgehende Inhalte in Frage. Dabei können alle Politikbereiche, die sich auf die räumliche Gestaltung des Landes auswirken, berücksichtigt werden. Der Fremdenverkehr spielt in den Raumordnungsprogrammen der Länder meist eine wichtige Rolle. Allerdings bleiben die Ziele der Landesplanung, wie die folgende Auflistung zeigt, meist auf einer recht abstrakten Ebene:

- Nutzung des Fremdenverkehrs als ergänzende Erwerbsgrundlage für die Bevölkerung der ländlichen Räume, vorrangiger Ausbau besonders geeigneter Gebiete, insbesondere wenn diese strukturschwach sind,
- Befrieden der Nachfrage von allen Schichten der Bevölkerung,
- Schutz der Umwelt und Erhalten der natürlichen Erholungseignung,
- Anbinden der Urlaubsgebiete über Verkehrsachsen an die Oberzentren und Verdichtungsgebiete,
- qualitatives Weiterentwickeln der Kurorte, Erholungsorte und des Städtetourismus sowie von Urlaub auf dem Bauernhof.

Die eigentlichen Probleme der Fremdenverkehrsentwicklung werden auf der Gemeindeebene behandelt. Wie beschrieben, geben die Bundesraumordnung und die Landesplanung dagegen nur recht allgemeine Ziele vor.

---

126 Vgl. hierzu und im folgenden Becker et alii (1996: 62ff.).

Neuere Entwicklungen in der Raumordnungspolitik werden im „Raumordnungspolitischen Handlungsrahmen“ der Ministerkonferenz für Raumordnung (MKRO) von 1995 sichtbar. In diesem Gremium wird über raumordnerische Fragen von Bedeutung für Bund und Länder beraten. Darin wird die Region als wichtigste Umsetzungsebene raumordnerischer Aktivitäten hervorgehoben. In der Landes- und Regionalplanung soll die Ausarbeitung und Umsetzung von Entwicklungskonzeptionen und Leitbildern intensiviert werden. Es wird eine verstärkte interkommunale Kooperation gefordert und sogenannte Regionalkonferenzen als neue Instrumente angeregt.

Über die Möglichkeiten der Raumordnung als Instrument für die Entwicklung eines nachhaltigen Tourismus sind sich auch die Umweltminister der Bundesländer einig. Sie heben beispielsweise die Entwicklung gemeinsamer Raumordnungsrichtlinien für die Ostseeküstenregion hervor. Ihre Vorschläge gehen so weit, daß empfindliche Küstenstreifen touristisch nicht erschlossen werden sollen (Bundesamt für Naturschutz 1997a: 208).

Neben raumordnerischen Instrumenten wird in Deutschland insbesondere das Instrument der *Landschaftsplanung* genutzt, um umweltverträgliche touristische Entwicklungen zu gewährleisten. Die gesetzliche Grundlage der Landschaftsplanung ist das Bundesnaturschutzgesetz mit den speziellen Regelungen der Bundesländer (Bundesamt für Naturschutz 1997a: 207). In kommunalen Landschaftsplänen und in regionalen Landschaftsrahmenplänen können die ökologischen Rahmenbedingungen für die touristische Entwicklung in umfassender Weise dargestellt werden. Damit wird eine Abwägung von ökologischen und touristischen Ansprüchen möglich (Bundesamt für Naturschutz 1997a: 207).

Zusätzlich zu den beschriebenen Planungsinstrumenten stehen verschiedene Prüfinstrumente zur Verfügung, die dazu beitragen können, daß sich der Tourismus umweltverträglicher gestaltet. Mit der *Umweltverträglichkeitsprüfung* (UVP) steht ein Instrument des präventiven Umweltschutzes zur Verfügung, das auf die UVP-Richtlinie der EG von 1985 zurückgeht (85/337/EWG). Viele touristische Projekte, wie z.B. Feriendörfer oder Hotelkomplexe, müssen sich demnach einer UVP unterziehen. Die UVP ermöglicht eine Abwägung von ökonomischen und ökologischen Interessen. Problematisch ist bisher, daß es keine standardisierten UVP-Kriterien gibt. Gegenwärtig wird ein schnelles, quantitatives Verfahren zur Bewertung touristischer Projekte von der Stiftung für Umweltschutz (Stichting Milieu Educatie) in den Niederlanden entwickelt und erprobt (Bundesamt für Naturschutz 1997a: 210f.). Inzwischen hat sich gezeigt, daß zur Durchführung von UVPs eine umfassende Datenerhebung notwendig ist. Zur Aufarbeitung der Datenmengen bieten sich vor allem *Geographische Informationssysteme (GIS)* an, die in der Lage sind, digitale Daten übersichtlich und anwendungsfreundlich aufzubereiten (Bundesamt für Naturschutz 1997a: 211).

Im Gegensatz zu UVPs überprüfen *Öko-Audits* die Umweltauswirkungen während der betrieblichen Tätigkeit. In dem Anfang Februar vorgelegten Arbeitsentwurf der Bundesregierung zur Erweiterung des Anwendungsbereiches des Umweltauditgesetzes ist vorgesehen, daß in Zukunft auch in einzelnen Bereichen des Tourismussektors die Durchführung eines Umweltaudits möglich sein soll. Bis zur Stunde besteht demgegenüber nur für gewerbliche Bereiche eine legale Basis zur Realisierung eines Öko-Audits.

Nach den Plänen der Regierung sollen nun Reiseveranstalter und -anbieter, Luftverkehrs- und Schiffahrtsunternehmen wie auch Unternehmen, deren Geschäft es ist, Personen auf dem Landwege zu befördern, ein Öko-Audit durchführen können. Ausgeschlossen sind damit kommunale Verwaltungen (Fremdenverkehrsorte), für die diese Möglichkeit inzwischen in Großbritannien geschaffen wurde. Ausgeschlossen sind daneben auch Beherbergungs- und Gaststättenbetriebe.[127]

Über die Reaktion der Tourismuswirtschaft auf diese gesetzgeberische Tätigkeit kann bisher nur wenig gesagt werden. Während einige Verbände dem Vorhaben eher skeptisch gegenüberstehen, haben einzelne Unternehmen schon eindeutig positive Zeichen gesetzt. So hat ein Reiseveranstalter bereits ein Umweltaudit durchgeführt, auch wenn es noch nicht offiziell zertifiziert werden kann. Ebenso treffen die Pläne bei einzelnen größeren Hotelgruppen eher auf Zustimmung. Negativ aus der Sicht eines verstärkten Umweltschutzes fällt sicher der Ausschluß von Beherbergungsbetrieben auf. Dies gilt um so mehr, als einzelne Hotelgruppen bereits eine gewisse Offenheit dem Öko-Audit gegenüber gezeigt haben. Ferner wird damit die Chance verringert, aktiv auf die Weiterentwicklung des Öko-Audits und die diesbezüglichen Aktivitäten der EU einzuwirken.

Problematisch am derzeitigen Arbeitsentwurf ist darüber hinaus die Festlegung auf den Standort als Basis für die Durchführung des Audits. Dies bedeutet bei filialisierten Unternehmen, daß für jede einzelne Filiale ein Umweltaudit zu erfolgen hat, wenn das Gesamtunternehmen erfaßt werden soll. Andernfalls muß sich das Unternehmen darauf beschränken, nur für den Hauptsitz und eine begrenzte Zahl von Filialen das Umweltaudit durchzuführen.

Dies kann sich gegebenenfalls negativ auf die Bereitschaft der Unternehmen auswirken, an dem Audit teilzunehmen. Im gewerblichen Bereich sind die Zahlen der Teilnehmer - auch wenn Deutschland europaweit mit großem Abstand vorne liegt - noch eher gering. Inwieweit sich das Öko-Audit im nichtgewerblichen Bereich rascher durchsetzen wird, bleibt abzuwarten. Die Freiwilligkeit der Teilnehmer ist prinzipiell zwar ein Vorteil des Instrumentes, sie kann aber auch bei ungünstiger Ausgestaltung dazu führen, daß das Instrument insgesamt nicht greift.

Die grobe Darstellung verschiedener Planungs- und Prüfinstrumente hat gezeigt, wie groß das tourismus- wie umweltrelevante Potential in diesem Bereich ist. Die zunehmende Bedeutung von Landestourismuskonzeptionen und die auch von seiten der Bundesregierung unterstützte verstärkte Nutzung von Öko-Audits in der Tourismusindustrie macht deutlich, daß die Instrumentendebatte zum Thema „Umwelt und Tourismus“ in diesem Bereich praktisch bereits auf dem Weg zu einem integrierten Ansatz ist.

---

127 Im Januar 1998 wurde die Erweiterungsverordnung zum Umweltauditgesetz von der Bundessregierung beschlossen. Auf Drängen des Bundesrates sind darin auch die Beherbergungsbetriebe einbezogen worden, gegen den zuletzt deutlichen Widerstand des DEHOGA. Ebenso können sich jetzt auch kommunale Betriebe zertifizieren lassen.

4.10 Zwischenfazit

Die tourismus- wie umweltrelevanten Steuerungsinstrumente, die den verschiedenen Akteuren im Problemfeld „Umwelt und Tourismus" zur Verfügung stehen, waren Thema der obigen Darstellung. Es wurden spezifische tourismuspolitische Steuerungsinstrumente mit umweltpolitischer Relevanz ebenso thematisiert, wie umgekehrt umweltpolitische Steuerungsinstrumente, die von Bedeutung für die Tourismuspolitik sind. Bezogen auf das jeweilige Instrument wurde u.a. den Fragen nachgegangen, inwieweit und von welchem Akteur Steuerungsinstrumente bisher eingesetzt wurden bzw. welche Vor- und Nachteile der Instrumente in der Praxis zu erkennen sind.

Für den Bereich „Umwelt und Tourismus" steht eine Vielzahl weicher und harter Steuerungsinstrumente zur Verfügung. Die dargestellten Instrumente kommen aber in sehr unterschiedlicher Weise zum Einsatz. Weil sich - wie schon an anderer Stelle festgestellt - bisher kein eigenständiges Politikfeld „Umwelt und Tourismus" herausgebildet hat, sind die Instrumente der Tourismus- bzw. Umweltpolitik auch noch nicht in ausreichendem Maße aufeinander abgestimmt. Generell zeigt sich, daß Tourismuspolitik in Deutschland einerseits vor allem über diverse Wirtschaftsförderaktivitäten betrieben wird. Umweltaspekte werden dabei, z.B. bei den Vergabekriterien, gegenwärtig nicht besonders beachtet. Das instrumentelle Schwergewicht auf seiten der tourismusrelevanten Umweltpolitik liegt bisher auf weichen Instrumenten mit geringer Eingriffstiefe (Labeling, Öko-Audit etc.). Es ist in einem sich erst allmählich entwickelnden Politikfeld allerdings nicht überraschend, daß die zur Verfügung stehenden politischen Steuerungsinstrumente erst langsam integriert und aufeinander abgestimmt werden. Zwangsläufig sind dabei auch einander widerstrebende politische Handlungen zu beobachten. Doch es sind oftmals gerade die erkennbaren Widersprüche politischer Handlungen, die neue Politikfelder überhaupt erst auf die politische Agenda setzen. So zeigt beispielsweise die aufkommende Kritik an einer Förderpraxis, die in politischen Grenzen verhaftet bleibt (Bundesländer), die Notwendigkeit, bisher voneinander getrennte politische Handlungsfelder konzeptionell miteinander zu verbinden. Die aktuelle Förderpraxis verhindert eine länderübergreifende Tourismusentwicklung und steht auch einer umwelt- wie tourismuspolitisch integrierten Entwicklung von zusammenhängenden, aber politisch getrennten Zielregionen entgegen.

Die Darstellung der umwelt- wie tourismusrelevanten politischen Steuerungsinstrumente zeigt zusätzlich, daß die Schnittfläche von „Umwelt und Tourismus" in Deutschland bisher nur bedingt Gegenstand nationaler Politik war. Entsprechende integrierende Ansätze im Sinne eines umwelttouristischen Instrumentenmix werden überwiegend entweder auf der internationalen Ebene (WTTC) oder aber, sowohl auf der Nachfrage- wie auch auf der Angebotsseite, auf der Ebene der Bundesländer und Kommunen entwickelt und vorangetrieben (Schleswig-Holstein; Rhön).

5 Umweltpolitik & Tourismuspolitik in Deutschland - Fazit

Trotz der erst kurzen Existenz des Umweltschutzes als eigenständigem Politikfeld ist die Frage der Integration umweltpolitischer Aspekte in andere Fachpolitiken zu einer Kernfrage geworden. Die Tourismuspolitik stellt bisher eine Ausnahme von dieser allgemeinen Entwicklung dar.

Aufgrund des relativ geringen Problemdrucks, des fast vollständigen Fehlens einer kritischen Öffentlichkeit, einer hohen Eigeninitiative des Tourismussektors und der überwiegend lokal und regional betriebenen Tourismuspolitik wurde auf nationaler Ebene bisher davon abgesehen, das Zusammenspiel von Tourismus- und Umweltpolitik stärker zu thematisieren.

Neue Entwicklungen hinsichtlich der Ausgangsvoraussetzungen lassen diese Nichtbeachtung in Zukunft nicht mehr zu. Der objektive Problemdruck steigt, die Eigeninitiative der Tourismuswirtschaft hinsichtlich der Reduzierung von Konflikten zwischen Tourismus- und Umweltinteressen nimmt ab.

Zusätzlicher Druck erwächst aus der Tatsache, daß die angespannte Beschäftigungslage in der Gesamtwirtschaft dem Fremdenverkehr einen neuen, höheren Stellenwert verleiht - Tourismus steht heute nicht für Erholung, sondern für Arbeit, also für die potentiellen Beschäftigungseffekte. Dieser höhere Stellenwert der Branche mündet in den Ruf nach einer verstärkten politischen Unterstützung für den Tourismussektor. Dabei wird von der einem starken Konzentrationsprozeß unterliegenden Tourismuswirtschaft insbesondere eine nationale Tourismuspolitik eingefordert. Vor dem Hintergrund dieser Entwicklung gewinnt auch die Integration von Umwelt- und Tourismuspolitik auf der nationalen Ebene an Bedeutung.

Die damit an die Tourismuspolitik und die Umweltpolitik gestellte Herausforderung gegenseitiger Öffnung trifft auf Strukturen, die hierfür nur begrenzt geeignet sind. Abbildung 4 zeigt noch einmal im Überblick, wie sich die Akteursstruktur im Bereich Umweltpolitik und Tourismuspolitik gegenwärtig darstellt. Dabei wird die vergleichsweise große Zahl wirtschaftspolitischer Akteure gegenüber umweltpolitischen Akteuren in der Tourismuspolitik deutlich.

Abbildung 4: Akteursstruktur im Bereich Umweltpolitik und Tourismuspolitik

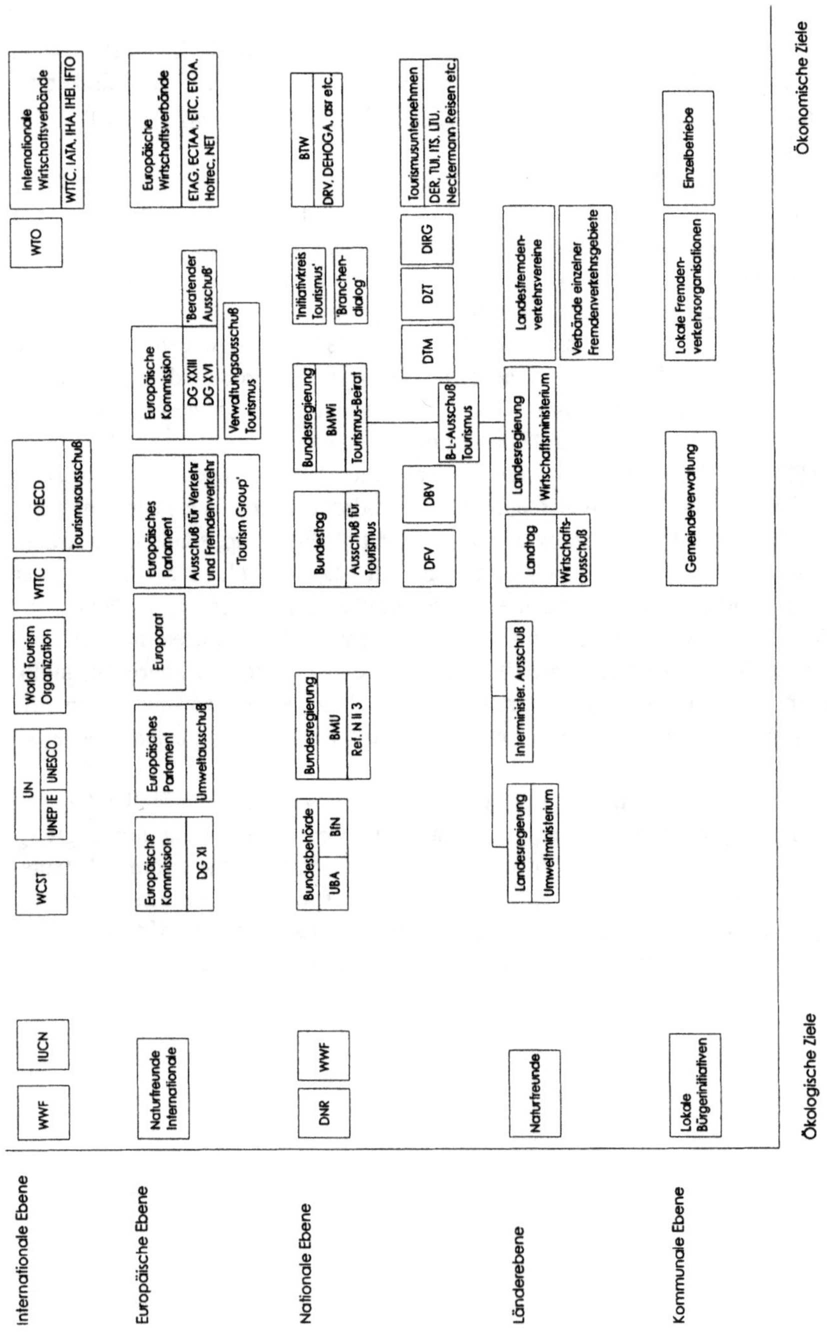

5.1 Nationale Ebene

Auf der Ebene nationaler Politik sind die beiden Politikbereiche derzeit nur wenig aufeinander abgestimmt. Der zentrale Akteur auf Bundesebene, das *BMWi* beschränkt sich darauf, die Entwicklungen in der Privatwirtschaft nachzuvollziehen und Anregungen von dort weiterzutragen. Eine eigene umweltpolitische Agenda mit Blick auf die Tourismuspolitik wird im BMWi nicht formuliert. Dabei beruft sich das Ministerium darauf, daß Tourismuspolitik keine Bundesangelegenheit sei. Diese Feststellung ist jedoch nur bedingt zutreffend. Da eine Reihe von tourismus- und umweltrelevanten Politikfeldern in die Kompetenz des Bundes fällt, gibt es eine Vielzahl möglicher Ansatzpunkte für ein bundespolitisches Tätigwerden in diesem Bereich.

Insofern liegt die Vermutung nahe, daß für die bisherige Untätigkeit des Bundes andere Ursachen ebenso eine Rolle spielen, etwa der Umstand, daß eine verstärkte Berücksichtigung von Umweltaspekten im BMWi bestenfalls als eine unter vielen Marktchancen für den Tourismus gesehen wird. Weiterhin gilt, daß im Zuge der aktuellen Deregulierungs- und Standortdebatte der Umweltschutz ein geringes Gewicht in der Gesamtpolitik des Wirtschaftsministeriums hat. Zum Tragen kommt schließlich auch die organisatorische Binnenstruktur des Ministeriums, die einer integrierten Betrachtung der Problematik „Umwelt und Tourismus" entgegensteht. Bei der Erarbeitung eines tourismus- und umweltpolitischen Gesamtkonzeptes wären im BMWi drei verschiedene Bereiche unmittelbar angesprochen. Sowohl der Bereich der Förderprogramme als auch die Referate zu Umweltfragen, wie schließlich das eigentliche Tourismusreferat wären miteinander zu koordinieren.

Aus diesen Gründen verhält sich das BMWi in bezug auf die Integration von Umwelt- und Tourismuspolitik eher passiv. Das Thema wird nur soweit besetzt, wie notwendig ist, daß kein sichtbarer Handlungsdruck, aber auch kein Vakuum, das anderen politischen Akteure erlauben würde, das Thema für sich zu vereinnahmen, entsteht.

Das *BMU* ist in der Frage einer verstärkten Berücksichtigung von Umweltschutzaspekten im Bereich des Tourismus ebenfalls eher zurückhaltend. Man bevorzugt hier, nicht zuletzt auch als Rückwirkung der „Standortdebatte", eindeutig einen „soft-approach" (Selbstverpflichtung, Öko-Audit) zur Beeinflussung der Tourismuswirtschaft. Gleichzeitig besitzt das Thema „Tourismus und Umwelt" auch für das Bundesumweltministerium insgesamt keine hohe Priorität - eine Ausnahme bildet lediglich der internationale Bereich. Hier ist das Ministerium zwar nur in einigen Fällen unmittelbar zuständig. Wo diese Zuständigkeit aber gegeben ist, wird sie systematisch genutzt und ausgebaut. Dieses Vorgehen, das momentan noch jeden Konflikt mit den anderen Ministerien und anderen Politikfeldern vermeidet, kann langfristig zu einer stärkeren Position des BMU im Bereich der Tourismuspolitik führen.

Dagegen wird der direkte Weg, d.h., an Stelle des BMWi im Querschnittsbereich von nationaler Tourismus- und Umweltpolitik eine Führungsrolle zu übernehmen, nicht genutzt. Zwar wären die fachlichen Kenntnisse vorhanden, doch mangelt es dem BMU an Personal, ausreichend etablierten Beziehungen zu anderen Akteuren und einer umsetzbaren Programmatik.

Die tourismuspolitischen Beziehungen zwischen BMWi und BMU ähneln ansonsten den tourismuspolitischen Beziehungen des BMWi zu den *anderen Bundesministerien.* Das bestehende System ist dadurch charakterisiert, daß jedes Ministerium die eigenen Interessen weitgehend ohne Eingriffe des BMWi in andere Ressortbereiche verfolgen kann.[128]

Das *Umweltbundesamt*, das in anderen Bereichen als Störfaktor bei dem selbstgenügsamen Zusammenspiel verschiedener Ministerien aufgetreten ist, war bisher aufgrund personeller Schwierigkeiten in seinen Möglichkeiten gehemmt. Es mußte sogar einen Teil seiner Arbeit an das weniger politisch ausgerichtete BfN abgeben und hat damit weiteren Einfluß verloren.

Als Akteur der Legislative steht der *Tourismusausschuß* des Bundestages außerhalb des Beziehungsgeflechts der Ministerien. Aufgrund der Tatsache, daß hier Tourismusexperten mit unterschiedlicher politischer Ausrichtung aufeinandertreffen, agiert der Ausschuß derzeit gleichsam als „think tank" im Bereich Umweltpolitik und Tourismuspolitik. Eine Reihe von Ideen und von Lösungsansätzen wurden hier artikuliert. Die politische Wirkung dieser Anstöße blieb jedoch gering. Verbesserungswürdig erscheint die Kommunikation des Ausschusses mit anderen Akteuren im Tourismusbereich. So wird beispielsweise die naheliegende Möglichkeit des Kontaktes zu vergleichbaren Ausschüssen der Länderparlamente und des Europaparlamentes, z.B. in den gemeinsamen Anhörungen, nicht genutzt.

Auf der nicht-staatlichen Seite sind zunächst die privatwirtschaftlichen Akteure von Bedeutung. Bis vor wenigen Jahren waren insbesondere einige *Großunternehmen und Verbände* die wichtigsten Schrittmacher einer Integration von Tourismus- und Umweltbelangen. Dieses Engagement hat in der Zwischenzeit deutlich nachgelassen. Ursachen dafür sind u.a. die schlechtere Wirtschaftslage, das gesunkene Umweltinteresse der Kunden und vermutlich auch die Erkenntnis der Diskrepanz zwischen öffentlich bekundetem Umweltbewußtsein und tatsächlichem Verhalten der Verbraucher. Hinzu kommt, daß die leicht erreichbaren Integrationspotentiale im Schnittfeld zwischen Tourismus- und Umweltbelangen inzwischen erschlossen wurden. Zwar bestehen weiterhin Möglichkeiten einer gleichzeitigen ökonomischen und ökologischen Optimierung, aber deren Umsetzung bedarf eines intensiveren Engagements. Hierfür fehlen den Unternehmen in der gegenwärtigen Wirtschaftssituation die notwendigen Ressourcen. Hemmend auf eine Integration von Umwelt- und Tourismuspolitik wirkt zudem

128 Bezeichnend war in diesem Zusammenhang etwa, daß der Bundesrechnungshof und nicht das BMWi die tourismusbezogenen Aktivitäten des BML einschränkte.

die Vielzahl der Verbände in diesem Bereich. Diese Situation fördert zwar bis zu einem gewissen Grade die Eigeninitiative (Verbandswettbewerb), jedoch werden Verhandlungsprozesse mit dem Staat erschwert.

Von den vielen *kleinen und mittelständischen Unternehmen*, die im Bereich eines sanften, umweltbewußteren Tourismus engagiert sind, ging bisher keine wirkungsvolle Initiative aus. Gerade hier fehlen für politische Impulse die personellen und finanziellen Voraussetzungen. Auch institutionell konnten bisher keine wirksamen Fundamente geschaffen werden. Da diese Unternehmen in Nischenmärkten tätig sind, besitzen ihre Aktivitäten kaum Ausstrahlungskraft auf die gesamte Tourismusbranche. Aber auch zur konzentrierten Förderung ihres Marktpotentials waren die Unternehmen bisher nicht imstande.

Die *Umweltverbände*, die in der Situation nachlassenden Engagements der Wirtschaft eigentlich verstärkt auftreten müßten, sind in keiner Weise auf diese Herausforderung vorbereitet. Tourismuspolitik wird als eigenständiges Politikfeld kaum wahrgenommen, die innere Struktur der meisten Umweltverbände erschwert ihnen zudem, auf dieses Querschnittsthema einzugehen. Es fehlt bisher an Strukturen, Personal und Kontakten, aber vor allem an den notwendigen Fachkenntnissen, um dem Problemfeld gerecht zu werden.

Ungünstig wirkt sich schließlich auch aus, daß politische Forderungen zur weiteren Berücksichtigung von Umweltbelangen im Tourismusbereich wenig öffentlichkeitswirksam sind. Dies hat auch Rückwirkungen auf die politischen *Parteien*. Von wenigen Spezialisten abgesehen, die sich mit Tourismuspolitik auseinandersetzen, bestehen nur geringe Kenntnisse über die Bedeutung der Tourismuswirtschaft und die Bedeutung des Problemfeldes „Tourismus und Umwelt“. Bedeutende Anstöße sind daher aus dieser Richtung nicht gekommen.

Eine Ausnahme stellt allein die Partei Bündnis 90/Die Grünen dar. Ihre spezielle Klientel erlaubt es dieser politischen Gruppierung, sich relativ offensiv mit dem Thema auseinandersetzen zu können, ohne gravierende Sanktionen ihrer Wähler fürchten zu müssen.

Als Fazit ergibt sich demnach für die bundespolitische Ebene: Tourismuspolitik ist Wirtschaftspolitik, und auch das Problemfeld „Tourismus und Umwelt“ wird in erster Linie aus einer wirtschaftspolitischen Perspektive wahrgenommen. Es gibt kaum Schrittmacher für eine Integration von Umwelt- und Tourismuspolitik. Die wenigen, die existieren, besitzen nur geringe Kompetenzen und keine Durchsetzungskraft.

Die von den wenigen Schrittmachern in diesem Bereich verfolgten Politiken sind teilweise widersprüchlich, wie z.B. das vorsichtige Vorgehen des BMU, die einseitige Thematisierung des Ökolabels durch die Umweltverbände und die weitaus radikaleren Forderungen der Partei Bündnis 90/Die Grünen. Die geringen Kontakte zu anderen möglichen Partnern, wie den verschiedenen Sachverständigenräten, oder zu anderen Parlamentsausschüssen erschweren darüber hinaus ein aktives Agenda-setting.

Die wesentlichen Entscheidungen im Bereich Tourismuspolitik und Umweltpolitik werden dagegen vom Bundeswirtschaftsministerium, einigen anderen Fachministerien (insbesondere das Verkehrsministerium) und der Tourismuswirtschaft gefällt. Diese behindern, häufig weniger durch eine direkte Blockadehaltung als vielmehr durch Inflexibilität, die Integration von Umweltpolitik in Tourismuspolitik. Dies gilt nicht zuletzt für die Tourismusverbände, die sich - aufgrund innerer Meinungsverschiedenheiten sowie aufgrund von Konkurrenzdenken untereinander - bisher als wenig handlungsfähig erweisen.

Die Bundesministerien haben untereinander faktisch ein System gegenseitiger Nichteinmischung etabliert, das jedem einzelnen Ministerium die Verfolgung der an seiner jeweiligen Klientel ausgerichteten Ziele erlaubt, das Bearbeiten ressortübergreifender Fragestellungen allerdings erschwert. In dieses selbststeuernde und selbsterhaltende System ist auch das BMU eingebunden. Dieses System schließt eine weitergehende Integration der Politikfelder Tourismuspolitik und Umweltpolitik zwar nicht vollständig aus, erlaubt aber nur langsame Entwicklungen in diese Richtung.

5.2 Kommunale, regionale und Länderebene

Betrachtet man demgegenüber die *Länderebene*, so agieren dort einige Landesministerien sehr aktiv und erfolgreich als Förderer einer Integration der beiden Politikfelder. Hinter ihrem Vorgehen stehen eine ausgefeilte Programmatik, differenzierte Konzepte, integrative Implementationsansätze und intensive Erfahrung in der Umsetzung politikintegrierender Maßnahmen. Ausgangspunkt ihres politischen Handelns war zumeist das Bestreben, auf eine bestehende Nachfrage in diesem Bereich zu reagieren und neue Märkte zu erschließen. Im Unterschied zur Wirtschaft blieben einzelne Bundesländern aber auch in der ökonomisch schwierigen Situation der vergangenen Jahre bei der Verfolgung der ursprünglich gesetzten Ziele bzw. entwickelten diese fort, zumal das Potential eines nachhaltigen Tourismus für die Bewältigung von Problemen in anderen Politikfeldern erkannt wurde. Ein naturnaher Tourismus soll z.B. im ländlichen Raum die wirtschaftlichen Einbußen im Bereich der Agrarwirtschaft ersetzen. Die Integration von Tourismus, Landwirtschaft sowie Natur- und Umweltschutz wird als Chance gesehen, sowohl wirtschaftlich als auch sozial und ökologisch Fortschritte zu erzielen (Schleswig-Holstein).

Auch auf *kommunaler und regionaler Ebene* gibt es eine Reihe interessanter Bestrebungen, und zwar gleichermaßen in ländlichen Räumen wie in urbanen Zonen. Ausgangspunkt ist auch hier häufig die wirtschaftliche Notwendigkeit einer Erschließung von Teilsegmenten des Tourismusmarktes. Wirtschaftlicher Erfolg oder Mißerfolg wird von daher über die weitere Verbreitung einer Reihe von Ansätzen hinsichtlich einer stärkeren Berücksichtigung umweltpolitischer Erwägungen im Tourismus mit entscheiden (Rhön). Es existieren jedoch auch weitergehende Bemühungen, bei denen die Integration von Tourismus- und

Umweltbelangen nicht so sehr wirtschaftspolitisch motiviert ist; sie ist hier vielmehr Teil eines Gesamtkonzeptes, das die Integration von Umweltpolitik in eine Vielzahl von Politikfeldern vorsieht (Heidelberg).

Die Beteiligung einer Anzahl von bundesdeutschen Kommunen an den verschiedenen Wettbewerben und Initiativen zur Förderung eines umweltgerechten Tourismus zeigt, daß zumindest ein Teil der bundesdeutschen Fremdenverkehrsorte ein ausgeprägtes Interesse an integrativen Ansätzen im Bereich „Umwelt und Tourismus" hat. Problematisch ist allerdings das vorwiegend auf den eigenen kommunalen Bereich ausgerichtete Vorgehen. Regionale Ansätze wurden demgegenüber bisher häufig durch bestehende Verbandsstrukturen, Landesgrenzen, Verwaltungsgrenzen innerhalb der Bundesländer, die Kommunalautonomie und den Wettbewerb der Kommunen untereinander im Tourismusmarkt verhindert. Die starke Zersplitterung der Verbände erschwert bzw. unterbindet im übrigen auch eine Verbreitung positiver Ansätze sowohl zwischen den Kommunen als auch von den Kommunen auf andere Politikebenen.

Insgesamt gesehen, besitzen sowohl einzelne Landesbehörden als auch einzelne Kommunalverwaltungen Kenntnisse, Fähigkeiten und den Willen, die Integration von Umweltpolitik und Tourismuspolitik voranzutreiben. Den Bundesländern gelingt es jedoch bisher nicht, ihre Maßnahmen im Bereich „Umwelt und Tourismus" aufeinander abzustimmen. Der Wettbewerb zwischen den Bundesländern, die hohe Zahl der Bundesländer, die wenigen Koordinationsgremien, die starke Betonung des Subsidiaritätsgedankens im Tourismusbereich, die unterschiedlichen wirtschaftlichen und räumlichen Voraussetzungen und die starke Prägung der landespolitischen Tourismuspolitik durch regionale und lokale halbstaatliche Verbände erschweren die Diffusion erfolgreicher Ideen und Initiativen.

5.3 Europäische und internationale Ebene

Auf *europäischer Ebene* ist die bedeutsamste Institution im Bereich „Umwelt und Tourismus" die *Europäische Kommission*. Diese kann dabei nicht als singulärer Akteur begriffen werden, da die verschiedenen Generaldirektionen weitgehend unabhängig voneinander agieren. In der zentral zuständigen Generaldirektion XXIII stehen bei der Bearbeitung des Politikfeldes Tourismus wirtschaftliche Erwägungen im Vordergrund. Angesichts starker Legitimationsprobleme für eine gemeinschaftliche Tourismuspolitik wird der Umweltschutz aber als zusätzliches Instrument gesehen, um die eigene Position zu stärken. Gegenwärtig ist die Generaldirektion nicht handlungsfähig und ihre weitere Entwicklung schwer absehbar. Da sich die Legitimationsprobleme der Generaldirektion XXIII in der letzten Zeit verstärkt haben, sind weitere Initiativen zur Förderung eines umweltgerechten Tourismus wahrscheinlich. Der gegenwärtige Umbruch in der Generaldirektion XXIII bietet den bundesdeutschen Akteuren die Chance, zukünftig eine stärkere Berücksichtigung umweltpolitischer Interessen von der Generaldirektion

XXIII einzufordern. Ergebnis des Umbruchs könnte langfristig aber auch sein, daß erfolgreiche umweltgerechte, nachhaltige tourismuspolitische Maßnahmen in der Bundesrepublik durch Entscheidungen auf europäischer Ebene konterkarriert werden.

Die gerade im Tourismusbereich schwache Generaldirektion XI versteht sich kaum als umweltpolitischer Ausgleichsfaktor im Zusammenspiel mit der Generaldirektion XXIII. Sie verfügt über keine präzise Zielsetzung in dem Bereich. Die Koordination der eigenen tourismusrelevanten Maßnahmen kann derzeit nicht gewährleistet werden, dasselbe gilt für die Koordination mit anderen Generaldirektionen. Auch in der Generaldirektion XI ist die weitere Entwicklung unklar.

Wesentlich deutlicher sind die potentiellen Nutzeffekte für die Bundesrepublik durch Aktivitäten auf *internationaler Ebene.* Neben Organisationen, die wie die OECD - mit Blick auf den Bereich Tourismus und Umwelt - weitgehend dem Informationsaustausch verhaftet sind, gibt es mit der WTTC und der WTO Organisationen, welche die Integration von Umweltpolitik und Tourismus auf vielfältige Weise vorantreiben. Im Rahmen dieser Organisationen werden auch teilweise einschneidende Lösungsansätze diskutiert.

Diese Aktivitäten werden auf deutscher Seite jedoch kaum wahrgenommen, und die Bereitschaft, aus den dort erarbeiteten Ergebnissen Nutzen für die Bundesrepublik zu ziehen, ist gering. Eine Ursache hierfür liegt unter anderem in der Betonung des Subsidiaritätsprinzips im Tourismus und der damit verbundenen Geringschätzung aller höheren Ebenen. Entscheidender jedoch sind die Mängel in den Beziehungsstrukturen. Die Kommunikation mit den internationalen und europäischen Organisationen obliegt, von wenigen Ausnahmen abgesehen, dem BMWi. Dies bedeutet, daß quasi ein organisatorischer Filter zwischen den Vorgängen auf internationaler sowie europäischer Ebene und den für die bundesrepublikanische Tourismuspolitik besonders wichtigen Bundesländern liegt. Da die Vorgänge auf internationaler Ebene damit für die Bundesländer nicht nur undurchschaubar, sondern auch kaum beeinflußbar werden, ist eine Aversion gegenüber diesen Organisationen und eine Überbetonung des Subsidiaritätsprinzips die direkte Konsequenz.

Die Position des BMWi als Kommunikationsschaltstelle bedeutet auch, daß, der Interessenlage des Ministeriums entsprechend, Umweltaspekte in den laufenden tourismuspolitischen Beziehungen mit internationalen und europäischen Organisationen nur sekundäre Bedeutung haben. Die fallweise Hinzuziehung des BMU kann das nicht ausgleichen.

Die Chancen, die durch eine verstärkte Einbindung internationaler und europäischer Akteure in die bundesdeutsche Debatte zum Spannungsfeld Tourismuspolitik und Umweltpolitik gegeben wären, werden folglich nicht genutzt. Bislang fehlt auch der Blick dafür, daß die internationale Politik die Entwicklung in der Bundesrepublik an verschiedenen Stellen schlicht überholen könnte.

5.4 Akteursbeziehungen - Kommunikationsstruktur

Das BMWi ist innerhalb der Bundesrepublik eine zentrale Schnittstelle für die Tourismuspolitik. Dies gilt mit Blick auf die vertikale ebenso wie mit Blick auf die horizontale Ebene. Die Kommunikationsstrukturen sind dabei zumeist bilateral. Multilateral ausgelegte Strukturen sind weit seltener anzutreffen. Die Folge ist eine einzelfallbezogene Vorgehensweise, da Gesamtkonzepte in einem solchen System nicht verhandelbar sind. Für die Berücksichtigung umweltpolitischer Aspekte wirkt sich diese Struktur negativ aus. In den bilateralen Beziehungen können umweltrelevante Aspekte eher vernachlässigt werden, als dies bei gleichzeitiger Beteiligung mehrerer Akteure (eben auch des BMU oder anderer Umweltministerien bzw. -behörden) der Fall wäre. Das Problem gewinnt noch an Bedeutung, wenn man bedenkt, daß die nationale Tourismuspolitik in vielen Bereichen nicht vom Tourismusreferat im BMWi allein gesteuert wird, sondern eine Vielzahl wichtiger tourismusrelevanter Entscheidungen in den anderen Fachministerien gefällt werden. Der bestehende gute Kontakt zwischen BMWi und BMU in der Tourismuspolitik wird dem eigentlich erforderlichen politischen Abstimmungsbedarf nicht gerecht.

Auch auf Länderebene konzentrieren sich die Kommunikationsbeziehungen auf die für die Tourismuspolitik verantwortlichen Ministerien. Die Situation ist hier aber differenzierter zu beurteilen, da die Lage in den einzelnen Bundesländern unterschiedlich ist. Ein verbreitetes Problem ergibt sich daraus, daß die Kommunikationsprozesse eine Vielzahl von Akteuren auf verschiedenen Hierarchiestufen der Fremdenverkehrsverbände bis hin zum einzelnen Akteur vor Ort einbeziehen müssen. Diese Situation ist praktisch in allen Bundesländern ein klares Hemmnis für die Integration von Umweltpolitik und Tourismuspolitik.

Insgesamt gesehen, ergibt sich bundespolitisch wie teils auch landespolitisch eine zweigeteilte Situation: Effektiven Strukturen zur Steuerung wirtschaftsrelevanter Aspekte im Bereich der Tourismuspolitik stehen wenig ausgeprägte Kommunikationsbeziehungen zur Steuerung umweltrelevanter Aspekte im Bereich der Tourismuspolitik gegenüber. Oder anders formuliert: Die einseitig wirtschaftspolitisch ausgerichteten Entscheidungsträger sind besser miteinander verknüpft als die Schrittmacher einer Integration von Umweltpolitik und Tourismuspolitik. Letztere besitzen zudem geringere Entscheidungskompetenzen. Dies gilt für den Bundestagsauschuß ebenso wie für die Umweltverbände, für internationale Organisationen, das BMU oder die Länderumweltministerien. Die vorgenannten Akteure werden nicht ausreichend an den entscheidenden wirtschaftspolitischen Entscheidungsprozessen beteiligt und können damit ihre umweltpolitischen Interessen nicht einbringen.

5.5 Instrumenteneinsatz

Aus den Eigenheiten des geschilderten Akteursgeflechts folgen auch Besonderheiten bei den im Schnittfeld zwischen Tourismuspolitik und Umweltpolitik verwendeten Instrumenten. Das unkoordinierte Vorgehen der einzelnen Bundesministerien und das Verfolgen ihrer jeweiligen Zielsetzungen führt auch beim Instrumenteneinsatz zu geringer Abstimmung. Die Schrittmacher einer Integration von Umweltpolitik und Tourismuspolitik verfügen über keine wirkungsvollen Instrumente und haben damit nur geringe Durchsetzungskraft.

Das BMU als einziger Akteur, der gleichzeitig mit starken Kompetenzen ausgestattet ist und theoretisch als Verfechter einer stärkeren Berücksichtigung umweltpolitischer Belange bei Fragen der Tourismuspolitik aktiv werden könnte, besitzt gegenüber dem BMWi und der Tourismuswirtschaft nicht das nötige politische Gewicht, um Instrumente mit größerer Eingriffstiefe voranzutreiben.

Während über lange Zeit keine tourismusspezifischen Instrumente vom BMU eingesetzt wurden und im wesentlichen allgemeine ordnungsrechtliche und ökonomische Instrumente mit unspezifischer Wirkung im Bereich der Tourismuswirtschaft zur Anwendung kamen, bemüht man sich nun, den Interessen der Branche durch ein stärker auf sie angepaßtes Vorgehen gerecht zu werden. Dabei kommen neue, allerdings nicht selbst entwickelte Instrumente, wie Selbstverpflichtungen, Öko-Audit, Labeling etc., zum Einsatz. Gleichzeitig setzt man bei der Implementation nicht zuletzt aufgrund der geringen „Durchsetzungsmacht" des Ministeriums auf die freiwillige Kooperationsbereitschaft der Tourismusindustrie. Dieses Vorgehen hat dazu geführt, daß schon bei den relativ weichen Instrumenten, wie Öko-Label und Öko-Audit, die in der letzten Zeit vom BMU vorgeschlagen wurden, der Widerstand der Tourismuswirtschaft einen Einsatz mehrfach verhindert hat.

Angesichts der geringen Durchsetzungskraft mit den „eigenen" Instrumenten ist es nicht verwunderlich, daß auf die Instrumente der anderen Akteure kein nachhaltiger Einfluß ausgeübt wird. Eine stärkere Ausrichtung dieser Instrumente, wie etwa der im Tourismusbereich sehr umfangreich eingesetzten Fördermittel, auf Umweltbelange wird von seiten des BMU nicht forciert.

Effektive Neuerungen im Instrumenteneinsatz ergeben sich daher nicht auf der Bundesebene, sondern vor allem auf der kommunalen, regionalen und teils auch auf der Landesebene. Neue Lösungen werden schließlich auch auf der internationalen Ebene vorgestellt, wo die Instrumentenfrage inzwischen intensiver debattiert wird.[129]

---

129 Eine Diskussion der vielen verschiedenen Ansätze auf internationaler wie auch auf kommunaler, regionaler und Landesebene kann im Rahmen dieser explorativen Studie nicht erfolgen.

6 Schlußwort

Die Tourismusindustrie zählt ohne Zweifel zu den wichtigsten Wirtschaftszweigen in der Bundesrepublik. Ihre gesamtgesellschaftliche Bedeutung resultiert allerdings keineswegs nur aus dem hier erwirtschafteten Sozialprodukt, sondern auch aus der starken regionalwirtschaftlichen Ausgleichsfunktion und dem hohen Beschäftigungspotential. Auch aus ökologischer Sicht kommt dem Tourismus eine nicht zu unterschätzende Bedeutung zu, insbesondere aufgrund der Emissionen von klimarelevanten Stoffen (etwa durch den tourismusinduzierten Verkehr), aufgrund des erheblichen Flächenverbrauchs und des - mit den beiden vorgenannten Faktoren verbundenen - Verlusts an Biotopen und Biodiversität.

Trotz dieses faktischen Gewichtes des Fremdenverkehrs wird der Tourismus als eigenständiges Politikfeld in der öffentlichen Diskussion kaum wahrgenommen; vielfach wird nicht einmal die Existenz dieses Politikfeldes erkannt. Tourismuspolitik ist - zumindest auf Bundesebene - Nebensache.

Angesichts der Herausforderungen, die sich mit dem Tourismus aus ökonomischer und ökologischer Sicht verbinden, erscheint es jedoch an der Zeit, diese Haltung zu überdenken. Vieles spricht in der Tat dafür, daß in der Bundesrepublik eine Grundsatzdebatte über die Rolle des Tourismus und die Ziele der Tourismuspolitik geführt werden sollte.

Eine zentrale Frage dieser Debatte muß es sein, inwieweit die gegenwärtige nationale Tourismuspolitik geeignet ist, speziell auf die ökologischen Chancen und Risiken des Fremdenverkehrs zu antworten, bzw. wo derzeit Probleme bei der Integration von Umwelt- und Tourismuspolitik bestehen. Der vorliegende Bericht, der erste Grundlagen für eine diesbezügliche Diskussion zusammengestellt hat, konnte eine Reihe solcher Probleme identifizieren.

Zentrale Aussage des Berichts ist dabei zunächst, daß die Integration von Tourismuspolitik und Umweltpolitik auf Bundesebene bislang nicht sehr weit fortgeschritten ist. Auf seiten der Tourismuswirtschaft ist zu beobachten, daß hier eine Anfang der 90er Jahre zu verzeichnende Entwicklung hin zu verstärkter Berücksichtigung von Umweltbelangen deutlich an Schwungkraft verloren hat. Das dadurch entstandene Handlungsvakuum wird durch die anderen politischen Akteure nicht aufgefangen.

Die bestehenden Strukturen reichen auch nicht aus, um eine weitere Integration einzuleiten, denn sie sind

- zu sehr zersplittert, da die Akteure zu zahlreich und ihre Kompetenzen zu stark aufgeteilt sind. Tourismuspolitik im Sinne einer gut koordinierten, abgestimmten Politik ist damit kaum gestaltbar.
- wirtschaftslastig, verbunden zudem mit einer Überinstitutionalisierung im privaten und halbstaatlichen Bereich. Potente Schrittmacher einer Integration von Tourismuspolitik und Umweltpolitik existieren kaum.
- wenig flexibel, insbesondere bei den Bundesministerien, den Wirtschaftsverbänden und den halbstaatlichen Organisationen, also den zentralen Akteu-

ren der Tourismuspolitik auf der Bundesebene. Größere Flexibilität weisen dagegen - zumindest in einigen Fällen - die tieferen Ebenen (Länder, Regionen, Kommunen) auf.

- einseitig, insofern die Kommunikationsbeziehungen weitgehend auf tourismuspolitische Akteure mit wirtschaftlichem Interessenhintergrund ausgerichtet sind und zumeist bilateral verlaufen. Demgegenüber gibt es nur relativ wenige Kommunikationsstrukturen, in welche die Schrittmacher einer Integration von Tourismuspolitik und Umweltpolitik fest eingebunden wären. Diese Schrittmacher sind sowohl untereinander als auch von den zentralen, mit Handlungsmacht ausgestatteten tourismuspolitischen Akteuren, weitgehend abgeschnitten.
- wenig kreativ, da von der bundespolitischen Seite kaum Initiativen ausgehen. Neue Ansätze, wie bestehende Konflikte überwunden werden können, und neue Lösungsvorstellungen beim Instrumenteneinsatz werden vor allem auf kommunaler, regionaler und Länderebene wie auch auf der internationalen Ebene entwickelt und eingesetzt.

Die bestehenden Strukturen bedürfen daher in mehrfacher Hinsicht der Umgestaltung. Die notwendigen Modifikationen müssen sich auf die aufgezeigten Schwachstellen beziehen und sollten an folgenden Punkten anknüpfen:

- Schaffung neuer umweltpolitischer Schrittmacher und Stärkung der vorhandenen;
- Flexibilisierung der Strukturen im Bereich der zentralen tourismuspolitischen Akteure (Bundesministerien; Privatwirtschaft);
- Verbesserung der Kommunikation zwischen den aktuellen und potentiellen umweltpolitischen Schrittmachern und Intensivierung ihrer Kommunikationsbeziehungen zu den bisher einseitig ökonomisch ausgerichteten tourismuspolitischen Akteuren;
- Förderung neuer Ansätze zur Konfliktbewältigung zwischen Tourismuswirtschaft und Umweltschutz sowie Entwicklung neuer Instrumente.

Konkrete Vorschläge, wie einzelne dieser Ziele umgesetzt werden könnten, sind inzwischen von verschiedenen Seiten vorgelegt worden.

So wird des öfteren die Entwicklung einer einheitlichen Konzeption für eine nachhaltige Tourismuspolitik[130] eingefordert (vgl. Brendle und Müller 1996, 51ff.; Kern 1995 102f.; Becker et alii 1996, 82f. u. 162). Ein solches Konzept würde den verschiedenen Akteuren einen festen und verläßlichen Handlungsrahmen bieten und eine Erfolgskontrolle bezüglich der angestrebten Ziele ermöglichen. Brendle und Müller verweisen darauf, daß bei der Erarbeitung der Konzeption durchaus auf das 1975 von der Bundesregierung schon erstellte tourismuspolitische

---

130 Die Bezeichnungen für diese Konzeption sind unterschiedlich, auch wenn - von Unterschieden in einzelnen Punkten abgesehen - das Gleiche gemeint ist. Becker et alii sprechen etwa von einem „ganzheitlichen touristischen Konzept" (1996, 82), Brendle und Müller von einem Konzept für eine zukunftsfähige Tourismusentwicklung (1996, 52). Vgl. auch den Antrag der Fraktion Bündnis 90/Die Grünen (BT-Drucksache 13/5213 vom 4.7.1996).

Grundsatzprogramm zurückgegriffen werden könnte, allerdings die vorhandenen Ausgangsdaten zu erneuern seien und auch die Analyse einer Aktualisierung bedürfte (Brendle und Müller 1996, 52f.; vgl. auch Becker et alii 1996, 162). Besonderes Gewicht wird dem Umstand beigemessen, daß die eingeforderte einheitliche Konzeption für eine nachhaltige Tourismuspolitik konkrete Ziele benennt und Kontrollmechanismen beinhaltet.

Begleitend zu der Erstellung einer solchen Konzeption wird ebenso von verschiedener Seite aus die Einrichtung eines interministeriellen Ausschusses für Tourismus auf Bundesebene vorgeschlagen. Ein derartiger Ausschuß wäre nach Ansicht verschiedener Wissenschaftler insbesondere bei der Koordination der in der Konzeption für eine nachhaltige Tourismuspolitik vorgesehenen Maßnahmen von großer Bedeutung (vgl. Brendle und Müller 1996, 55f.; Kern 1995, 110).

Andere institutionelle Vorschläge betreffen die Stärkung des Bund-Länder-Ausschusses Tourismus, gegebenenfalls etwa die Einrichtung eines Ständigen Sekretariates bei diesem Ausschuß (vgl. Brendle und Müller 1996, 56.), oder sie widmen sich dem Beirat für Fragen des Tourismus beim BMWi und befürworten hier eine stärkere Besetzung mit Vertretern aus Umwelt- und Naturschutzverbänden (vgl. Kern 1995, 110).

Besonderes Gewicht wird darüber hinaus der Einrichtung einer zentralen Forschungsstelle zum Tourismus zugesprochen. So empfehlen Becker et alii etwa, daß Bund, Länder und Tourismuswirtschaft gemeinsam eine Akademie für Tourismus gründen, die neben der Koordination und Förderung der Forschung im Bereich des nachhaltigen Tourismus auch die Information der Öffentlichkeit verbessern sollte (1996, 79 und 162). Brendle und Müller gehen über diese Konzeption noch hinaus. Das von ihnen vorgeschlagene „Deutsche Institut für zukunftsfähigen Tourismus" soll nicht nur eine umfassende Wissensbasis aufbauen, sondern auch bei der Aufbereitung der Informationen aktiv werden und neben einer Forschungskoordination und öffentlichkeitsorientierter Arbeit auch als „Brain-Trust" fungieren, also unterstützende Funktionen bei der Politikvorbereitung für die Ministerien übernehmen (Brendle und Müller 57f.).[131]

Eine häufiger geäußerte Forderung angesichts der bestehenden Defizite ist schließlich auch diejenige nach der regelmäßigen Erstellung eines nationalen Tourismusberichtes, in dem speziell das Themenfeld Tourismus und Umwelt aufgearbeitet wird. Dies wird etwa vom Bundestagsausschuß für Fremdenverkehr und Tourismus unterstützt (vgl. BT-Drucksache 13/4217 vom 26.3.96). Ziel eines solchen Berichts wäre es, neben der besseren Information der Öffentlichkeit auch die Zusammenarbeit von Ministerien, zentralen Akteuren der Tourismusbranche, einschlägigen Umweltverbänden und Wissenschaft zu fördern.

Unabhängig davon, inwieweit die genannten Vorschläge geeignet sind, die beschriebenen Probleme zu lösen, oder inwieweit neue, hier nicht aufgeführte Ansätze notwendig sind, zeigt schon die reine Anzahl der verschiedenen Ansätze,

---

131 Vgl. hierzu auch die Forderung der Fraktion Bündnis 90/Die Grünen nach einem Tourismus-Service-Center (BT-Drucksache 13/5785 vom 11.10.1996).

daß von vielen Seiten her erhebliche Mängel bezüglich der gegenwärtigen Strukturen und Prozesse in der bundesdeutschen Tourismuspolitik gesehen werden. Die Vorschläge zeigen auch, daß der Bedarf an tourismuspolitischen Rahmenbedingungen, die eine ökonomisch tragfähige und ökologisch verträgliche Entwicklung gewährleisten, ständig wächst. Eine politische und öffentliche Debatte hierüber ist unerläßlich.

Literaturverzeichnis

Alpenforschungsinstitut gGmbH (1995): Tourismus und Umwelt in Europa. Eine Einführung mit ausgewählten europäischen Tourismusprojekten. Brüssel, Luxemburg.

Arbeitsgruppe Ökotourismus (1995): Ökotourismus als Instrument des Naturschutzes? Möglichkeiten zur Erhöhung der Attraktivität von Naturschutzvorhaben. Bonn: Bundesministerium für wirtschaftliche Zusammenarbeit und Entwicklung.

ARGE Sanfte Mobilität und ECOTRANS e.V. (1997): Ecotrans Report '97. Sanfte Mobilität in Tourismusorten und -regionen. Wien, München.

Baltes, Jürgen (1997): „Für Umweltschutz werben und ihn praktizieren." In: fvw international Nr. 5, 90-92.

Becker, Christoph (1995a): Ansätze zu einer nachhaltigen Regionalentwicklung mit Tourismus. Berlin.

Becker, Christoph (1995b): „Fernreisen in die dritte Welt - ein Boom ohne Ende?" In: Perspektiven der Entwicklungsländerforschung. Festschrift für Hans Hecklau, 3-13. Trier.

Becker, Christoph et alii (1996): Tourismus und nachhaltige Entwicklung. Grundlagen und praktische Ansätze für den mitteleuropäischen Raum. Darmstadt: Wissenschaftliche Buchgesellschaft.

Beirat für Fragen des Tourismus beim Bundesministerium für Wirtschaft (1993): Zwischenbericht. 'Tourismus und Umwelt'. Förderung eines umweltschonenden Angebots. Bonn: Beirat für Fragen des Tourismus beim Bundesministerium für Wirtschaft.

Bennasar Tous, Francisca (1996): Bericht über ein Mehrjahresprogramm zur Förderung des europäischen Tourismus (Philoxenia) 1997-2000. Europäisches Parlament (A4-298/96).

Bleile, Georg (1996): „Hat der Deutschland-Tourismus ein Standortproblem?" In: Albrecht Steinecke (Hrsg.): Der Tourismusmarkt von morgen - zwischen Preispolitik und Kultstudium. 5. Europäisches Wissenschaftsforum auf der Internationalen Tourismus-Börse Berlin '96, 82-89. Berlin: Europäisches Tourismus Institut GmbH.

Brendle, Uwe und Verena Müller (1996): Für eine Wende in der Tourismuspolitik. Bonn (Nova Institut).

Briassoulis, Helen und Jan van der Straaten (1992): Tourism and the Environment. Regional, Economic and Policy Issues. Dordrecht, Boston, London: Kluwer.

Bundesamt für Naturschutz (1996): Wieviel Natur bleibt den Küsten? Tourismus an unseren Meeren. Bonn.

Bundesamt für Naturschutz (1997a): Biodiversität und Tourismus. Konflikte und Lösungsansätze an den Küsten der Weltmeere. Berlin u.a.: Springer.

Bundesamt für Naturschutz (1997b): How Much Environment Is Travel Going to Cost Us? Bonn.

Bundesministerium für Umwelt, Naturschutz und Reaktorsicherheit (1996): Schritte zu einer nachhaltigen, umweltgerechten Entwicklung: Umweltziele und Handlungsschwerpunkte in Deutschland. Grundlage für eine Diskussion. Bonn: Bundesministerium für Umwelt, Naturschutz und Reaktorsicherheit.

Bundesministerium für Wirtschaft (1994): Bericht der Bundesregierung über die Entwicklung des Tourismus. Bonn: Bundesministerium für Wirtschaft.

Bundesministerium für Wirtschaft (1996a): Bericht der Bundesregierung zur Bewertung des Vorschlages für einen Beschluß des Rates über ein erstes Mehrjahresprogramm zur Förderung des europäischen Tourismus „PHILOXENIA" (1997-2000) unter dem Gesichtspunkt des Grundsatzes der Subsidiarität (Artikel 3 b EG-Vertrag). Berlin: Bundesministerium für Wirtschaft.

Bundesministerium für Wirtschaft (1996b): Fördermöglichkeiten für die Tourismuswirtschaft. Berlin: Bundesministerium für Wirtschaft.

Bundesverband der deutschen Tourismuswirtschaft (1996): Berliner Programm 1996. Ein Leitbild. München.

Burchard, Rainer (1988): „Tourismuspolitik und Tourismusförderung in der Bundesrepublik Deutschland.“ In: Storbeck, Dietrich (Hrsg.): Moderner Tourismus. Tendenzen und Aussichten. Materialien zur Fremdenverkehrsgeographie, 17. 559-583. Trier.

Council of Europe (1996): Tourism and Environment in European Countries. Straßburg: Council of Europe.

Dalal-Clayton, Barry (1996): Getting to Grips with Green Plans. National-Level Experience in Industrial Countries. London: Earthscan.

Deutscher Fremdenverkehrsverband e.V. (1997): Urlaub und Reisen in Deutschland - natürlich umweltfreundlich. Bundeswettbewerb Umweltfreundliche Fremdenverkehrsorte in Deutschland 1996. Bonn.

Deutscher Hotel- und Gaststättenverband (DEHOGA) (1997): So führen Sie einen umweltfreundlichen Betrieb. Kosten senken durch Umweltschutz. Stuttgart: Deutscher Hotel- und Gaststättenverband (DEHOGA).

Deutscher Hotel- und Gaststättenverband (DEHOGA) (o.J.): Jahrbuch 1995 - 1996. Bonn.

Ecoletter (1995): „Instrumente des verträglichen Tourismus.” In: Ecoletter Nr. 7, 7-15.

EPS Environment Protection Services (1996): Das Grüne Buch der Touristik. Umweltaktivitäten der deutschen und internationalen Touristik. Eine Dokumentation. Bonn: Bundesministerium für Umwelt, Naturschutz und Reaktorsicherheit.

European Commission (1996): Tourism and the European Union: A practical guide. Brüssel, Luxembourg: European Commission.

European Communities (1994): Potential Benefits of Integration of Environmental and Economic Policies. An Incentive-Based Approach to Policy Integration. London, Norwell, Luxembourg.

Freyer, Walter (1995): Tourismus: Einführung in die Fremdenverkehrsökonomie. München, Wien: Oldenbourg.

Hamele, Herbert (1993): „Ecotrans. Datenbank für eine dauerhafte und umweltgerechte Tourismusentwicklung.” In: Politische Ökologie Jg. 11, Nr. 32, 27-28.

Hamele, Herbert (1996): Das Buch der sieben Siegel. Umweltauszeichnungen im Tourismus. Internationaler Überblick und Entwicklungen. München: Bundesministerium für Umwelt, Naturschutz und Reaktorsicherheit.

Harrison, Lyndon (1996): Bericht über die Bewertung des Aktionsplans der Gemeinschaft zur Förderung des Tourismus 1993-1995. Europäisches Parlament.

Hawkins, Donald E. (1993): „Global assessment of Tourism Policy. A Process Model.” In: Douglas G. Pearce und Richard W. Butler (Hrsg.): Tourism Research. Critiques and Challenges, 175-200. London, New York: Routledge.

Hayes-Renshaw, Fiona und Helen Wallace (1995): „Executive power in the European Union: The Functions and Limits of the Council of Ministers.” Journal of European Public Policy Vol. 2, No. 4, 559-582.

Heidecke, Heidrun (1996): „Perspektiven des umweltverträglichen Tourismus aus der Sicht des Landes Sachsen-Anhalt.” In: Fachtagung „Umweltverträglicher Tourismus in Sachsen-Anhalt“. Halle.

Henne, Gudrun (1997): „Das Regime über die biologische Vielfalt von 1992." In: Gehring, Thomas und Sebastian Oberthür (Hrsg.): Umweltschutz durch Verhandlungen und Verträge, 185-200. Opladen: Leske und Budrich.

Héritier, Adrienne et alii (1994): Die Veränderung von Staatlichkeit in Europa. Ein regulativer Wettbewerb: Deutschland, Großbritannien und Frankreich in der Europäischen Union. Opladen: Leske und Budrich.

Hessisches Ministerium für Wirtschaft, Verkehr und Landesentwicklung (1997): Regionalisierung der Wirtschaftspolitik. Wiesbaden: Hessisches Ministerium für Wirtschaft, Verkehr und Landesentwicklung.

Hildebrandt, Klaus (1997): „Neuer Anlauf für eine europäische Tourismuspolitik." In: fvw international Nr. 5, 106-106.

Hopfenbeck, Waldemar und Peter Zimmer (1993): Umweltorientiertes Tourismusmanagement. Strategien - Checklisten - Fallstudien. Landsberg/Lech: Moderne Industrie.

Institute for European Environmental Policy (1995): The 1996 Inter-Governmental Conference: Integrating the Environment into other EU Policies. London: IEEP London.

IUCN (International Union for Conservation of Nature and Natural Resources) (1980): World Conservation Strategy. Living Resource Conservation for Sustainable Development. Gland.

Iwand, Wolf Michael (1994): „Das Umweltkonzept der Touristik Union International - eine vorläufige Zwischenbilanz." In: Albrecht Steinecke (Hrsg.): Umweltorientiertes Management im Tourismus. 3. Europäisches Wissenschaftsforum auf der Internationalen Tourismus-Börse Berlin '94, 29-38. Berlin: Europäisches Tourismus Institut GmbH.

Jänicke, Martin, Alexander Carius und Helge Jörgens (1996): Studie über die Erstellung eines nationalen Umweltplans. (Gutachten im Auftrag der Enquete-Kommission des Deutschen Bundestages „Schutz des Menschen und der Umwelt".) Berlin: Forschungsstelle für Umweltpolitik der Freien Universität Berlin und Ecologic - Gesellschaft für Internationale und Europäische Umweltforschung.

Jänicke, Martin und Helmut Weidner (1995): „Successful Environmental Policy: An Introduction." In: Jänicke, Martin und Helmut Weidner (Hrsg.): Successful Environmental Policy. A Critical Evaluation of 24 Cases. Berlin: Edition Sigma.

Jungk, Robert (1980): „Wieviel Touristen pro Hektar Strand?" In: GEO Jg. 5, Nr. 10, 154-156.

Kern, Martina (1995): Ansätze zu einer nachhaltigen Tourismuspolitik des Bundes und der Länder. Trier: Geographische Gesellschaft Trier.

Kirstges, Torsten (1992): Sanfter Tourismus. Chancen und Probleme der Realisierung eines ökologieorientierten und sozialverträglichen Tourismus durch deutsche Reiseveranstalter. München, Wien: Oldenbourg

Kirstges, Torsten (1993): „Sanfter Massentourismus - ein Paradox." In: Politische Ökologie Jg. 11, Nr. 32, 13-17.

Krippendorf, Jost (1975): Die Landschaftsfresser. Bern, Stuttgart: Hallwag AG Bern.

Krippendorf, Jost (1984): Die Ferienmenschen. Für ein neues Verständnis von Freizeit und Reisen. München: Deutscher Taschenbuch Verlag GmbH & Co. KG.

Krippendorf, Jost (1985): Für einen anderen Tourismus. Probleme - Perspektiven - Ratschläge. Frankfurt a. M.

Kommission der Europäischen Gemeinschaften (1995): Die Rolle der Union im Bereich des Fremdenverkehrs. Grünbuch der Kommission. Brüssel: Kommission der Europäischen Gemeinschaften.

Länderarbeitsgemeinschaft Naturschutz, Landschaftspflege und Erholung (LANA) (1992): Lübecker Grundsätze des Naturschutzes (Grundsatzpapier). Hrsg.: Ministerium für Natur und Umwelt des Landes Schleswig-Holstein. Schriftenreihe 3, 1992.

Länderarbeitsgemeinschaft Naturschutz, Landschaftspflege und Erholung (LANA) (1995): Beschlüsse: Naturschutz und Erholung. Hrsg.: Umweltministerium Baden-Württemberg.

Landesregierung Schleswig-Holstein (1993): Antwort der Landesregierung auf die Große Anfrage der Fraktion der SPD Umsetzung der Fremdenverkehrskonzeption „Sanfter Tourismus". Kiel: Landesregierung Schleswig-Holstein.

Landesregierung Schleswig-Holstein (1996): Tourismuskonzeption 1996. Kiel: Landesregierung Schleswig-Holstein.

Laschke, Henrik (1992): „Umweltschonender Tourismus in Hessen." In: Pillmann, Werner und Susanne Predl (Hrsg.): Envirotour Vienna 1992. Strategies for Reducing the Environmental Impact of Tourism, 519-529. Wien: International Society for Environmental Protection (ISEP).

Merkel, Angela (1996): „Initiativen für nachhaltigen Tourismus." Umwelt Nr. 3, 93-94.

Minister für Wirtschaft, Technik und Verkehr des Landes Schleswig-Holstein (1991): Fremdenverkehrskonzeption für Schleswig-Holstein. Kiel: Minister für Wirtschaft, Technik und Verkehr des Landes Schleswig-Holstein.

Minister für Wirtschaft, Technik und Verkehr des Landes Schleswig-Holstein (1995a): Strukturanalyse - Urlaub in Schleswig-Holstein. Kiel: Minister für Wirtschaft, Technik und Verkehr des Landes Schleswig-Holstein.

Minister für Wirtschaft, Technik und Verkehr des Landes Schleswig-Holstein (1995b): Touristisches Verkehrskonzept für Schleswig-Holstein. o.O.: Minister für Wirtschaft, Technik und Verkehr des Landes Schleswig-Holstein.

Ministerium für ländliche Räume, Landwirtschaft, Ernährung und Tourismus des Landes Schleswig-Holstein (1996): Forum - Qualitäts- und Dienstleistungsoffensive im Tourismus Schleswig-Holsteins. Kiel: Ministerium für ländliche Räume, Landwirtschaft, Ernährung und Tourismus des Landes Schleswig-Holstein.

Müller, Hansruedi (1993): „Im Dschungel der Zeichen." In: Politische Ökologie Jg. 11 , Nr. 32, 25-26.

o.V. (1997): „Building a Sustainable Future for Asia-Pacific." In: WTO news No. 1, 6-7.

OECD (1996a): Tourism Policy and International Tourism in OECD Countries 1993-1994. Paris.

OECD (1996b): „Zusammenfassung und wichtigste Zukunftsprobleme." In: OECD-Konferenz über künftige Herausforderungen in der Fremdenverkehrspolitik. Mexiko-Stadt.

Opaschowski, Horst W. (1995): Freizeit und Mobilität. [Schriftenreihe zur Freizeitforschung, Band 12], 12 ff. Hamburg.

Parodi, Eolo (1996): Bericht über die den Tourismus betreffenden Maßnahmen der Gemeinschaft im Jahre 1994. Europäisches Parlament.

Pearce, Douglas G. und Richard W. Butler (Hrsg.)(1993): Tourism Research. Critiques and Challenges. London, New York: Routlegde.

Pearce, Philip L. (1993): „Fundamentals of Tourist Motivation." In: Pearce, Douglas G. und Richard W. Butler (Hrsg.): Tourism Research. Critiques and Challenges, 113-134. London, New York: Routlegde.

Pigram, John J. (1993): „Planning for Tourism in Rural Areas. Bridging the Policy Implementation Gap." In: Pearce, Douglas G. und Richard W. Butler (eds.): Tourism Research. Critiques and Challenges, 156-174. London, New York: Routlegde.

Popp, Dieter (1993): „Allianz zwischen Gast- und Bauernhof." In: Politische Ökologie Jg. 11, Nr. 32, 47-49.

Popp, Dieter (1995): „Ländlicher Tourismus und Regionalentwicklung in der Rhön - ein ganzheitliches Tourismuskonzept im UNESCO-Biophärenreservat." In: Albrecht Steinecke

(Hrsg.): Tourismus und nachhaltige Entwicklung. 4. Europäisches Wissenschaftsforum auf der Internationalen Tourismus-Börse Berlin '95, 64-85. Berlin: Europäisches Tourismus Institut GmbH.

Ritchie, J. R. Brent (1993): „Tourism Research: Policy and Managerial Priorities for the 1990s and Beyond." In: Pearce, Douglas G. und Richard W. Butler (Hrsg.): Tourism Research. Critiques and Challenges, 201-216. London, New York: Routlegde.

Roth, Peter und Axel Schrand (1992): Tourismus-Marketing. Das Marketing der Tourismus-Organisationen, Verkehrsträger, Reiseveranstalter und Reisbüros. München.

Sandhövel, Armin (1996): „Umweltschutzziele im politischen Prozeß: Leitbilder, Umweltqualitätsziele, Umweltstandards, Indikatoren." In: Zeitschrift für angewandte Umweltforschung, Sonderheft 8/1996, 73-87.

Seifert-Granzin, Jörg und D. Samuel Jesupatham (o.J.): Tourismus am Scheideweg: Herausforderungen an Entwicklungsländer durch die neue Welthandelsordnung (Kurzfassung). Heidelberg, Bangalore: Tourism Watch Equations.

Stadt Heidelberg (1993): Tourismusleitbild Heidelberg. Dokumentation der Veranstaltungsreihe Stadt und Tourismus - Neue Antworten für Heidelberg. Heidelberg.

Steinecke, Albert (1996): „Tourismusstandort Hessen - Hemmnisse, Chancen, Herausforderungen." In: Hessischer Fremdenverkehrsverband e.V. (Hrsg.): Poker um den Gast von morgen, 2-17. Wiesbaden.

Stichting Recreatie (1996): Tourism and Natural Environment. Overview of Organisations. Den Haag: Stichting Recreatie.

Teubner, Anne-Kathrein (1997): „Bekenntnissen zur Umwelt müssen Taten folgen." in: fvw international Nr. 6, 62.

tm touristik management (1997): „Ist die Umwelt out?" In: tm touristik management, Nr. 3, 58-67.

Umweltbundesamt (1989): Daten zur Umwelt 1988/89. Berlin.

United Nations Environment Programme Industrie and Environment (o.J.): The UNEP-IE Tourism Programme. Towards Environmentally-Sound Development and Management in the World's Largest Service Industry. Paris: United Nations Environment Programme Industrie and Environment.

United Nations Environment Programme Industry and Environment (1995): Environmental Codes of Conduct for Tourism. Paris: United Nations Environment Programme Industry and Environment.

UN-WTO (1993): Empfehlungen für Tourismusstatistiken. [Statistical Papers, ST/ESA/STAT/SER, M/83].

Vanselow, Heidrun (1997a): „EU-Lobbyisten wollen stärker mit einer Stimme sprechen." In: fvw international Nr. 5, 107-110.

Vanselow, Heidrun (1997b): „Stärker auf Stimme der Unternehmer hören." In: fvw international Nr. 6, 16-17.

Wong, P.P. (Hrsg.) (1993): Tourism vs. Environment: The Case for Coastal Areas. Dordrecht, Boston, London: Kluwer.

World Tourism Organization (1992): An Integrated Approach to Resort Development. Madrid: WTO.

World Tourism Organization (1993): Sustainable Tourism Development: Guide for Local Planners. Madrid: WTO.

World Tourism Organization (1994): National and Regional Tourism Planning: Methodologies and Case Studies. London, New York: Routledge.

World Tourism Organization (1995): „GATS Implications for Tourism. The General Agreement on Trade in Services and Tourism." In: World Tourism Organization (Hrsg.): Seminar on GATS Implications for Tourism. Mailand: World Tourism Organization.

World Travel & Tourism Council, World Tourism Organization und Earth Council (o.J.): Agenda 21 for the Travel & Tourism Industry. Towards Environmentally Sustainable Development. World Travel & Tourism Council, World Tourism Organization, Earth Council.

WWF (Worldwide Fund for Nature) (1992): Beyond the Green Horizon - A Discussion Paper on the Principles for Sustainable Tourism. Golalming, Surrey.

Index